阿久津一志 著

「職人」を教え・鍛え・育てるしつけはこうしなさい！

同文舘出版

まえがき

近年、さまざまな業界で職人といわれる人たちが激減しています。その理由としては、職人になりたいという人が減っているということ、また現在職人として働いている人の高齢化による引退などが挙げられます。

しかし、本当の理由は別のところにあります。職人を育成しようと考えている会社や職人をしっかりと育成できる会社がほとんどないというのが一番の理由なのです。

建設業界を例にとってみると、大手建設会社やゼネコンでは建設工事を受注した後、その大手建設会社やゼネコンが直接施工をするのではなく、受注された建設工事は、経費を引かれた金額で下請けの建設会社に丸投げされます。

さらに、その下請けの建設会社から経費を引かれた金額で孫請けの建設会社に、そこからさらに下請けの工事業者に職種別に割り振られて発注されます。

そして最終的には、各職種の専門工事業の会社が施工をすることになります。専門工事業の会社の中で、施工を担当する人が職人です。各職種の技術を持った人のことを職人といいますが、技術を持たずに職人のサポートをする人は職人ではなく、単純な作業だけを行なう人は作業員になります。この仕組みに大きな問題があるのです。

このように、建設業界では大手建設会社やゼネコンが直接施工をするのではなく、最終的には職人といわれる人たちが、実際に現場で施工をする仕組みになっています。大手建設会社やゼネコン、そして下請けおよび孫請けの建設会社では、現場で働く職人はすべて外注（アウトソーシング）をしているため、自前で職人を育成することはしていません。

職人を育成するには時間や費用がかかるため、自前で職人を育成しようという発想はないのです。

一方、大手建設会社やゼネコン、その下請け建設会社から仕事を依頼される側である専門工事業の中小企業でも、発注会社からの受注金額の下落などで、職人育成に時間も費用もかけられない状態になっています。どこの会社も職人を育成することなく、このまま職人が減り続けていったら、数十年後には現場で働く職人が日本からいなくなってしまうでしょう。日本から職人がいなくなったら、いったいどうなってしまうのでしょう。個人的には、かなり危機感を持っているのですが、その考えも空しく、歯止めがかかることもなく、年々職人は減り続けているのです。

私の住む地域でも、職人の減少は深刻な問題です。私の会社も例外ではなく、職人を育成しなければ、間違いなく職人はいなくなってしまいます。

私の会社は、栃木県の北部を営業エリアとする左官職人を扱う専門工事業種の会社です。創業してから40年間、この地域で左官工事をしていますが、左官職人も年々減少しています。さらに、追い討ちをかけるように近年、元請会社からの施工価格の引き下げ要求等の影響をもろに受け、左官職人の育成に時間と費用を思うようにかけることができず、職人の育成にはたいへん苦労をしています。

しかし、どんなに世の中が不況で施工価格が下落しても、なかなか利益が上がらない状態でも、職人育成に力を入れることをやめようとは考えていません。それどころか、職人育成を最優先に考えています。なぜ、職人育成に力を入れるのか。それは、私たちの技術を必要としてくれるお客様がいるからです。私たちには、お客様に貢献しうる卓越した左官の技術があるのです。

この卓越した左官の技術は、簡単に真似することのできないもので、この技術を習得するにはかなりの時間と費用がかかります。インスタントに、腕のよい職人は育成できないのです。何より、卓越した左官の技術は、よい建物を造るためには欠かすことができない技術なのです。

たとえば、家を造る際にお客様がリビングの壁は洋風の明るい壁にしたいとか、材質は有害物質を含まないものを使用してもらいたい、その他にもこんな色でデザインはあんな感じに等々……というお客様の要望やイメージがあったとします。お客様は、その要望やイメージを設計士に伝え、設計士はお客様と綿密な打ち合わせを積み重ねて図面を描き、カタログや写真を用いてお客様の要望やイメージしているものを、施工する左官職人にわかりやすく伝えます。

　そのため、施工をする左官職人は、豊富な材料・施工の知識と卓越した左官の技術がなければ、お客様や設計士のイメージどおりの形にすることはできません。

　そこに、私たちに対する需要があるのです。お客様は自分ではできない仕事は、その仕事ができる左官職人に頼まなくてはなりません。言い方を換えれば、お客様は自分ではできない仕事であっても、技術があり信頼できる左官職人に頼めばイメージどおりの形にすることができるのです。

　私が、左官の仕事をはじめてから、ある一級建築士の方にいわれた言葉があります。

「私は壁を塗ったことは一度もありませんが、今まで多くのお客様に設計の仕事を依頼され、たくさんの建物を手がけてきました。左官に関しても、さまざまな仕上げの壁を見ています。ですから私の頭の中には、この建物は、こんな壁の仕上がりがいいのではないかという、きちんとしたイメージが浮かぶのですが、実際に具現化しようと思っても自分ではできません。あなたのような左官職人に、自分のイメージを図面や写真、さまざまな表現を用いて伝えることで、あなたの左官の技術を借りて、限りなくお客様のイメージに近い仕上がりに創り上げるのです。そして、お客様に満足していただくことが私たちの仕事なのです」

　私はその言葉に共感し、感動しました。私たちの仕事は、お客様のイメージを忠実に具現化することであり、そのイメージを忠実に具現化するために技術を磨き、知識を高める必要があるのだと感じました。

本書は、私が職人時代に学んだことや経営者になって職人を育成する過程で学んだことをまとめたものです。

この本が、職人を扱う会社の経営者の方やこれから職人になろうとしている方に少しでもお役に立つことができれば幸いです。

２０１０年12月

阿久津一志

目次

「職人」を
教え・鍛え・育てる
しつけはこうしなさい！

2章

反発だらけの職人育成 理念を掲げて社風を変える

3章

これからの職人はこうあるべきだ

4章

職人育成は時間とお金、そして何より根気が必要

5章

職人は個人プレーよりもチームワーク

6章

卓越した技術が職人の強み

7章

職人に経営感覚を持たせる

装丁・本文DTP
高橋明香（おかっぱ製作所）

1章

企業百年の計は職人育成にあり

仕事があっても利益が上がらないのはなぜか？

みなさんがある会社の経営を考えた場合に、黒字はよくて、赤字はよくないという印象があるのではないでしょうか。

しかし、赤字でもしっかりと経営をしている会社もあれば、黒字なのに倒産する会社もあります。実際に会社を経営したことがある人なら、毎期増収増益で毎期黒字という会社はごくわずかだということがおわかりいただけると思いますが、黒字の期もあれば赤字の期もあるのが会社の経営なのです。

できることなら毎期増収増益、そして毎期黒字決算ができればいうことはありませんが、たいへん難しいことなのです。会社が黒字の状態というのは、しっかりと仕事を受注して利益が取れている状態をいいます。しかし仕事の受注量によっては、売上げが上がらず利益が取れないこともあります。

この場合は、営業努力をして仕事の受注量を増やすことが重要です。しかし、仕事があるのに利益が上がらないというのは、どこに問題があるのでしょうか？ 実際に、私が経営する会社でも、仕事があるのに利益が上がらないということが過去に何回かありました。

しかも、受注した見積価格は決して安すぎるというわけではなく、悪い条件でもなかったのに利益が上がらなかったのです。その期は、そういう現場が何ヶ所もあり、結果的に赤字になってしまいました。この状態が長く続くと会社を存続していくことができなくなるため、どこに問題があるのかを早急に調査しました。

すると驚いたことに、予算で見ていた金額よりも多くの金額が支払われていたことが原因でした。しかも、材料費に支払われた部分ではなく、人件費に支払われていた部分（職人に支払われた部分）が予算をオーバーしていたのです。前期までは、しっかりと予算内に収まっていたものが、なぜこのように予算をオーバーしてしまうのか、よく理解できなかったのですが、一つひとつの現場を見に行くことによって、その答えが明らかになりました。問題は意外なところにあったのです。

仕事の受注量が多く、仕事があると職人はフル稼働で仕事をしてくれます。当然、このようなときには売上げが伸びて利益が上がります。これに対して、利益が上がらなかったときは、仕事の受注量が少ないにもかかわらず、仕事をしている職人の人数は変わらなかったのです。

つまり、一人ひとりの職人が手を抜いているのです。フル稼働の状態が１００％だとしたら、60から70％程度の労力で仕事をしていたのです。これは、現場にまめに足を運ばなければわからない部分です。仕事をしている職人自体も、一所懸命やっているフリをして忙しく見えるようにしているのです。

ですから、経営者は営業努力をしてフル稼働できるだけの仕事を受注しなければならないのです。この状態は、職人を抱える業種ではどこにでもあてはまります。そして、フル稼働の状態が続けば、売上げが伸びて利益が上がります。職人一人ひとりの技術力が高まり生産性も上がるため、会社全体の生産能力が向上します。忙しく活気に満ち溢れた職場になり、会社も職人もよい循環になります。

恐ろしいのはその反対の状態です。仕事の受注量が少ないことも問題ですが、むしろ職人一人ひとりが手を抜いている状態に大きな問題があるのです。ダラダラと仕事をしている姿は、お客様の目にも留まります。そのような職人に問題があり、仕事が受注できないのかもしれません。先ほど、現場にまめに足を運ぶことが大切だと述べましたが、実際のところ、経営者には職人が手を抜いてダラダラしている部分はなかなか見えないのです。

なぜかというと、経営者が現場を見に来たときだけ、職人は忙しいフリをするからです。しかし、経営者が現場を立ち去ったらまた手を抜くのです。そして、経営者には見えない部分が、お客様にはよく見えているのです。ですから、当然次の仕事にはつながりません。

また、もうひとつ問題があります。経営者は利益が上がらないので、見積価格に問題があるのではないかと考えて見積価格を上げるようになります。

他社よりも見積価格が高くなるため、仕事の受注がさらに難しくなってしまうのです。先ほどとは逆の悪い循環で、職人の技術力は低下し、悪く言えばサボることを覚えた職人は会社を食い潰してしまいます。この状態に陥ると抜け出すのは難しく、長く続くと会社は経営危機に陥り、倒産してしまう可能性も出てきます。

ですから、経営者はフル稼働できるように仕事を受注してくることが重要なのですが、ここでは販売方法やマーケティングに焦点を当てるのではなく、現場・職場でフル稼働（100％能力を発揮）し、お客様から支持され、利益を上げられる職人をどのように教育・育成するかを考えていきます。経営者と職人が力を合わせて信頼関係がしっかりと構築できれば、最高の職場を作ることができるのです。

職人といわれる人たちは、仕事が嫌いだからサボったり、ダラダラ仕事をするという人は実は少ないのです。仕事量が少ないと、無意識に作業をゆっくり進めたり、仕事が終わってしまうと時間を持て余してしまうのです。現場で働く職人に仕事の量を調整してもらうのではなく、1日にやるべき仕事の量は、経営者側がある程度管理する必要があります。

現場での職人の仕事ぶりを見に行こう

中小零細企業の経営者、職人を扱う会社の経営者は、こまめに現場に足を運ばなければなりません。とくに、仕事の受注量が急激に減少してしまった、売上げや利益が極端に落ちてしまったというときには、必ず現場に足を運ぶべきです。

そして、現場の状況と職人の仕事ぶりを見るのです。なぜなら、会社の売上げや利益が落ちるほとんどの原因が現場にあるからです。仕事の受注量の減少は、単に営業や販売に問題があるのではなく、現場で仕事をする職人の作業態度やお客様への対応の悪さが大きく影響していることが多く、再受注につながっていない可能性があります。

たとえば、現場でのマナーが守られておらず、くわえタバコで作業をしていたり、ヘルメットを着用せず、ボサボサの金髪頭やだらしない服装で作業をしている。ひどいものになると、携帯電話でのメール等、仕事とは無関係なことばかりをしていて、ほとんど作業をしていないということもあるかもしれません。これでは、次の仕事が来る可能性は低くなってしまうことがおわかりいただけると思います。

あなたがもし、自宅の改装工事などをある会社に依頼した場合、そのような職人が来たらどうでしょうか。私ならその場で作業を中止してもらうか、次回からは別の会社に仕事を依頼します。

ここでは、職人に否がある、といいたいわけではありません。職人を、しっかりと教育できない会社や経営者に問題があるといっているのです。

私の会社も以前、仕事の受注量が減少したときはこのような状況でした。だから、現場に行って驚くことがたくさんありました。今でこそ、大きな現場はルールが厳しく、度を越した質の悪い職人は現場に入場することすらできませんが、管理体制が行き届いていない小さな現場では、そのような職人が現場を台なしにして会社の評判を落とし、次の仕事が来ないようにしているのです。

これでは、仕事の受注量が減ることはあっても増えることはありません。しかし、このような状態でも、職人自身は悪気があってそのような行動をしているわけではなく、ふだんからそういった行動を見逃している会社や経営者に問題があるのです。

それでは、この問題をどのように解決していったらいいのかを考えてみましょう。現場を回る際に、職人にはそのつど、どの部分が悪いのか感情的にならず冷静に伝えます。多少、反発があるかもしれませんがあくまでも冷静に伝えます。

その後、会社に戻ってから気がついた部分や改善してもらいたい部分を、書面にまとめます。そして、給料の支払日に支払い明細と一緒に、すべての職人にお願いとして手紙を入れるのです。さらに、会議などの場でも取り上げ、再度どの部分が悪かったのかを検証し改善してもらうようにします。これを何度も何度も繰り返して、改善すべき点は徹底して改善していくのです。

ここでのポイントは、感情にまかせていいたいことをいうのではなく、あくまでも冷静にいうことです。感情にまかせていったのではトラブルになります。何より、よい人間関係を築くことができません。

もう一点は、必ず書面で伝えることが重要です。口頭でいうだけではなく、文章を読んでもらうことが大事なのです。一度や二度いっただけですんなり改善できたら、苦労はありません。地道に訴え続けて、はじめて改善ができるのです。

お客様が、現場で働く職人に直接、苦情や文句をいうことはほとんどありません。しかし、会社への評価はよいことも悪いことも口コミで広がります。以前よりも、その傾向は強くなっています。お客様の口コミによる宣伝効果は、よくも悪くも大きいのです。

次の仕事につながらない、職人の対応の悪さ

職人の仕事に限らずどんな仕事もそうですが、1回きりの単発仕事ではなく、2回、3回と継続して仕事をいただけるようにしなければ会社を存続させていくことはできません。

しかし以前の私の会社では、初めて仕事の依頼をいただいたお客様の現場で仕事をした後に、再度仕事を依頼される件数は本当に少なかったように感じます。その理由は、前項で述べたように現場の状況や職人の仕事ぶりに問題があったからですが、顧客満足度でいうと、ほとんどのお客様から落第点をつけられていたように感じます。職人一人ひとりがお客様から支持されず、会社自体の評価も低かったのではないでしょうか。

そのため単発の仕事が多く、仕事を受注するのにたいへん苦労をしました。一度仕事をさせていただいたお客様のところから再度受注をいただくのと、営業活動をして新規の顧客を開拓するのとでは、後者のほうが時間も経費も何倍もかかってしまうため、非効率なのはご理解いただけると思います。会社を成長発展させていくためには、既存顧客を維持していくことと同時に、新規の顧客を開拓していくことが必要です。新規の顧客よりも離れていく顧客のほうが多ければ、会社は成長発展どころか衰退の一途を辿るだけですから。やはり、既存顧客から支持されて、継続的に仕事を出していただくほうが圧倒的に有利です。

ここで一例を挙げましょう。過去最高売上げ、最高益を達成している、東京ディズニーランドはリピーター率が97％以上だそうですが、見習うべき点が少なくありません。顧客満足度を高めるためのさまざまな工夫と、キャストといわれる従業員の教育がしっかりとなされています。徹底的に顧客満足を追求し、すべての従業員（キャスト）が、来場してくださったお客様に喜んでもらえるよう、日々研鑽しているのです。

職人を扱う会社でも、お客様に目を向けて顧客満足度を高める工夫をし、職人教育をしていけば必ず道は開けるはずです。ディズニーランドでも職人を扱う会社でも、お客様の期待に応える仕事と考えれば、どちらも同じです。イメージしてみてください。ディズニーランドのように、もしあなたの会社がリピーター率97％以上の会社になったらどうでしょう。

営業をしなくても何年も先まで受注があり、毎年増収増益で成長発展していくはずです。すべての鍵は職人育成にあるのです。よく考えてみると、あなたの地域にもこんな会社や店はないでしょうか。行列ができるラーメン店、繁盛しているケーキ屋、予約でいっぱいの美容院、年内の受注が埋まっている工務店等々、商品がおいしかったり、技術が高いということもありますが、そこで働く従業員の教育がしっかりとなされているはずです。職人の教育がしっかりとなされ、お客様の支持が得られれば、結果は自ずとついてくるのです。

顧客満足度を高めると、営業活動にそれほど力を入れなくても仕事の受注量が増加します。よい仕事をすることで、お客様がお客様を紹介してくれることもあるのです。

問題は、職人にはできないと思っている経営者にある

固定観念という言葉があります。固定観念とは、思い込みというか決めつけのようなものです。経営者という立場から職人を見た場合、「職人は、技術はあるがデスクワークはできない」とか「職人＝勉強嫌い」というイメージをお持ちの方が少なくありません。

これが固定観念です。固定観念は、絶えず意識を支配し、それによって行動が決定されてしまいます。

「職人には、デスクワークやコンピュータなどはできない」「勉強会や朝礼などを開催しても参加をしない」と、やらせてもいないのに多くの経営者は「できない」と思い込んでしまっているのです。そのため、そのような固定観念を持った経営者は職人を育成することができないのです。まず、経営者自身の固定観念を変えなくてはなりません。では、どうやって変えていくかを考えてみましょう。

経営者に限らず、職人も固定観念を持っています。人間は誰しも固定観念を持っているのです。自分自身のことで考えていただければわかると思いますが、苦手と思っていることはしないし、苦手な食べものは食べません。そうすると、どうなるでしょう。苦手と思っていることは一生できないし、苦手だと思っているものは死ぬまで食べることはできません。

しかし、その苦手と思っていることをしなければ生き残っていけない。苦手だと思っているものを食べなかったら病気になって死んでしまう、という状態になったらどうでしょうか。誰でも、苦手なことにも取り組むようになり、嫌いなものも食べるはずです。仕事においても同じです。

経営者は、職人にできないと思っていることもやってもらわなければ、この厳しい時代を生き残ることができず、会社は倒産してしまいます。職人自身も、苦手なことをしなければ職を失ってしまうと考えるのです。

大げさに感じるかもしれませんが、本来そう考えるべきなのです。経営者は職人に多くのことを要求し、今現在できないことでもできるようになってもらわなければ困る、ということを真剣に伝えなければなりません。実際に、一つひとつのことに取り組むと、苦手なことでもやってみればできてしまうことがわかると思います。

私も以前は、現場で左官の仕事をしていた職人でした。最初は人数も少なく、会社には経理担当者もいなければ営業マンもいませんでした。昼間は、現場で汗だくになりながら仕事をして、夜は会社に戻ってから職人が書いた日報を整理しました。天気の悪い日には、建設会社に飛び込みで営業に回ったり、その他にも資金繰りで銀行に足を運ぶなど、何でもやってみました。

最初は、苦手なことばかりで何もできませんでしたが、誰もやってくれる人がいないし、自分がやらなければ会社が倒産してしまいます。苦手なことでもできないことでも、自分で全部やらなければならなかったのです。職人だった自分ができたことなので、自分以外の職人にも必ずできるという感覚が今の私にはあります。「職人にはできない」という固定観念を持っている経営者の方は、その〝できない〟という思考を〝できる〟という思考に変えなければなりません。当然、職人自身も、できないと思っていたのでは生き残れないことを自覚するべきです。

後の章で取り上げますが、パソコンでの日報整理やチラシ作製、雑誌を用いた社内勉強会、職人一人ひとりが毎朝考えて発表をする「13の徳目」朝礼、月1回の全社会議、週1回の会社近隣清掃活動等、私の会社でも最初は無理だと思っていたことが、現在ではできています。やりはじめる前からできないと考えるのではなく、できると考えてやりはじめることが大切です。

どんぶり勘定の経営者と無責任な職人

経営者は、会社を成長発展させるために多くのことをしなければなりません。中小零細企業の経営者であれば、それこそ現場も営業も経理も、すべてをこなさなければならないのです。

しかし、いくら忙しいからといって、お金の部分を蔑ろにしては意味がありません。経営者は、どんぶり勘定ではダメなのです。

ところが、建設関係の仕事をしている私の知る限りでは、とくに職人を使っている会社の経営者の多くはどんぶり勘定でした。なぜそうなってしまうのかというと、職人を扱っている会社の経営者は、もともと自分自身も職人だったという人が多いからだと考えられます。いい方を変えると、職人はほとんどの人がどんぶり勘定なのです。なぜそうなるのかというと、職人は技術については真剣に取り組んできたため、技術面では優秀ですが、お金のことについてはほとんど勉強をしていないからです。

「お金のことに関しては、うちのかあちゃんがやっているから、かあちゃんに聞いてくれ」とか「まだお金をもらっていないから、支払いをもう少し待ってくれ」、「俺は銀行が苦手だから、代わりに行ってくれ」など、お金のことに関しては他人まかせで、自分では一切何もしようとしない経営者が少なくありませんでした。技術だけに偏りすぎているため、非常にバランスが悪く、職人であればいつも家計がうまく回らず、経営者であれば経営がうまくいかないのです。この点に関しては、「お金の勉強をしっかりとしてください」というしかありませんが、まずは他人まかせにせず、自分自身で自分の資金管理をすることが大切です。

銀行にも自分で足を運び、資金繰りなども自分でやってみてください。その後、わからない点については一つひとつ勉強をしていく必要があります。職人であれば、1ヶ月にどれくらいの収入があり、支出はどれくらいあるのか。売掛けがどの程度あって、買掛けがどの程度あるのか。最低でも、この程度のことは正確に把握していないと話になりません。

経営者であれば、このようなどんぶり勘定では致命的というしかありませんが、恥ずかしながら、私も経営者になる前の職人時代は、この部分に関しては決してほめられたものではありませんでした。経営者になると、従業員とその家族の生活を守らなければなりません。経営者である以上、お金のことを蔑ろにしてはならないと考え、財務に関する書籍を読んだり、財務セミナーに通って、一つひとつ身につけていきました。現在も、お金のことに関しては勉強をしていますが、財務に関することもしっかりと学ぶことをお勧めします。

「入るを量りて、出ずるを制す」、「稼ぐに追いつく貧乏なし」という言葉がありますが、職人でも会社の経営者でも、収入と支出のバランスを考えなければ、近い将来痛い目を見ることになります。

お客様が見ている部分が真実だ

現場を見て回るようになると、どの現場でも、経営者である私には職人が常に一所懸命、フル稼働して仕事をしているように見えました。正確にいうと、見えていたのです。本当にフル稼働でがんばっている職人もいるのですが、やはり経営者が見ているときと見ていないときとでは、仕事の仕方が違う職人もいます。

だから、ずっと監視をしていたほうがいいですよ、といっているわけではありません。経営者は、職人がフル稼働で仕事ができるだけの仕事を受注し、フル稼働できる現場の状態を作らなければなりません。また同時に、他人が見ていなくても見ていなくても、フル稼働で仕事をする職人を育成することが大切なのです。

前項で、仕事の受注量の減少の原因は、現場で働く職人の仕事ぶりとお客様に対する職人の対応にあると述べましたが、お客様は本当によく現場を見ています。私が現場を見に行ったときには職人は本当によく働き、フル稼働で仕事をしてくれているように見えていましたが、会社に戻ってからお客様から職人に対するお叱りやクレームの電話を受けることが少なくありませんでした。

いったい、どちらの状態が本当なのだろうと考えてしまうこともありましたが、やはり、お客様がいうように、私が現場を見に行ったときとそうでないときとでは、職人の仕事ぶりや現場でのマナーが違っていたようです。なぜ、そのような表裏があるのでしょうか。これは、職人一人ひとりの仕事観によるものではないかと思われます。

仕事はたいへんなもので、嫌々仕事をやらされていると考えて取り組む職人と、仕事は楽しいもので、自分自身の成長と夢を叶えるためにやっているのだと考えて仕事に取り組む職人の違いといってもいいでしょう。

もちろん、表裏のある職人は前者ですが、このタイプの職人は自分自身が不幸であると同時に、周りの人も不幸にします。当然、このタイプの職人がいると会社の業績にも影響が出てきてしまうため、こういった職人の仕事観を変えなければこの問題は解決しません。ここでは、どうやってそれを変えていくかを考えてみましょう。

ここで、仕事観についての例を挙げておきます。3人の壁塗り職人の話です。

真夏の暑い日に1人の旅人が道を歩いていると、汗水を垂らしながら仕事をしている3人の壁塗り職人に出会いました。旅人は一人ひとりの壁塗り職人にたずねました。

「何をしているのですか?」

１人目の職人は、「見ればわかるだろう。モルタルを塗ってるんだよ」と答えました。

２人目の職人は、「モルタルを塗って壁を作っているんだ」と答えました。

そして、３人目の職人は、「モルタルで壁を作り、そこに真っ白な漆喰を塗って壁を仕上げるんだ。この壁は○○城の外壁で、今後何百年にもわたって大勢の人に見られるんだ。見る人に感動を与えられるように、一面一面丁寧に仕上げるよ」と答えました。

３人は同じ仕事をしていますが、３人の仕事観はまったく違います。当社の職人には、ぜひ３人目の壁塗り職人のようになってもらいたいと思っています。

話は戻ります。

以前、私が現場を見に行ったときに作業をせずにサボっている若手職人を見つけました。その若手職人は、見つかってしまったという感じでバツが悪そうにあわてて仕事をするフリをしていましたが、そのときだけのことだろうと、少しだけ叱って次の現場に回りました。しかし、1週間もしないうちにまた同じような場面に出くわしたので、そのときは頭ごなしに怒鳴りつけました。

「一事が万事」という言葉がありますが、その場面だけでなく、その職人のサボリ癖は慢性的なもので、やる気もあまり感じられませんでした。

その後、なぜ仕事に一所懸命取り組めないのかを話し合った結果、個人的な悩みや仕事に対する考え方に問題があったようです。

私は、他人の顔色をうかがいながら仕事をするのではなく、自分自身の成長と夢を叶えるために仕事に取り組んでみてはどうかと話しました。その後、仕事に対する考え方が少しずつ変わり、サボリ癖も徐々に改善されていきました。

このとき、職人を育成するうえで仕事に対する考え方をしっかりと教え込まなければならないと痛感しました。間違った仕事観のまま職人を育成していった場合、会社は内部から崩壊してしまう恐れがあることに気づかされたのです。

健全な価値観を持つことが、職人には重要です。「何のために仕事があるのか」を考え、仕事を通して自分自身の人間性を鍛え、高めていくことが必要なのです。

職人の意識改革をしなければ生き残れない

今から数十年前は景気がよくて、どの職種も職人が足りずに、職人が重宝された時代がありました。しかしそれは昔の話で、現在では完全失業率も上昇し、今の世の中には失業者が溢れています。職人も例外ではありません。職人にも、たいへん厳しい時代が到来したのです。

30代後半より上の世代の職人や経営者はバブルの時代も知っているため、「あの頃はすごかった」「あの頃はよかった」という声が聞こえてきそうですが、時代は大きく変化してしまったのです。景気は悪くなることはあっても、よくなることはないのではないかと思えるほど、まったく先が読めません。

職人にとって、これからの時代がどれぐらい厳しいかということを考えてみましょう。明らかに、どの職種も仕事が減少することが予想されます。とくに建設関係の仕事でいうと、今までの公共工事での仕事の受注量を100%だとすると、今後は60～70%程度の受注量になるものと考えられます。するとどうなるでしょうか。今まで10人の職人で仕事をしていたものが、6～7人の職人で間に合ってしまう状態になり、今まで10万円でやっていた仕事を6～7万円で請けるような状態になります。

職人の手間（賃金）も30～40%カットという状態になるか、20～30%の職人が余るような状態になるかもしれません。あなた自身の問題として考えてみてください。年収が、もし現在の60～70％になったらどうでしょうか。そして最悪の場合、仕事がなくなってしまったら……考えるだけでゾッとしませんか。

そうならないために、経営者であるあなた自身が意識を変え、そして現場で働く職人一人ひとりの意識を変えなければならないのです。経営者が意識を変え、職人一人ひとりにその思いが伝われば、勝機は必ず見えてきます。このような時代でも、顧客の支持を得て伸びている会社があります。それは、職人をしっかりと育成することができ、顧客満足度の高い会社です。

そして、不況に強い会社は必ずよい職人が揃っている会社だといえます。今まで職人を使って会社を経営してきた方の中には、それなりに経営に関する勉強をしてきた方も多いと思います。

しかし、これからの時代は職人を巻き込んで勉強していかなければ、会社を存続させることができません。会社で働く職人も、意識を変えて技術以外のことも勉強していかなければ生き残れないことを、経営者は真剣に訴えていかなければなりません。

前段で述べてきたようなことが、全国各地ですでに起きているのです。経営者は、職人からの反発を恐れず、やるべきことを要求するべきです。職人は、経営者の要求に応じて、今までの固定観念を捨て、技術以外の部分を積極的に学ぶことが重要です。顧客からの支持が得られなければ、リストラと同じ状態になることは目に見えています。

会社を大きく変革していくためには、まず職人のマインドイノベーション（意識革新）が大切です。職人の意識を変えれば仕事のやり方が変わり、得られる成果も変わってくるのです。

最初は、大きなマインドイノベーションでなくてもいいのです。一人ひとりの職人の意識を変えるところからはじめましょう。

職人のやる気を引き出す経営者を目指す

職人を使っている会社は、職人をしっかりと教育・育成する仕組みを構築すれば、売上げも伸ばして、利益も上げることができるようになります。しかし、職人をしっかりと育成するのはたいへん難しいことです。大手企業での社員教育のようなわけにはいきません。

職人には、他人と同じことはしたくない、という考えの人が少なくありません。窮屈なことはなるべくしたくないし、自分のやり方を曲げられることを最も嫌います。仮に、会社の中に教育の仕組みができていたとしても、すべての職人がそれ受け入れるとは限りません。まず、勉強に取り組む姿勢を養い、やる気を出させなければなりません。また、職人のモチベーションを上げる必要もあります。

したがって経営者には、「職人のやる気を引き出す」という能力が必要になるのです。それでは、どのようにして職人のやる気を引き出すのかを考えてみましょう。

もし自分が職人だったら、自分がやりたくないことを無理やりやらされるのはたいへん苦痛に感じるのではないでしょうか。ですから、まずその苦痛に感じている部分を取り除く必要があります。やりたいこと、得意なことだけをやってもらいましょう。そして、きちんとできたのであれば評価し、褒めてあげるのです。

そうやって、まずやりたいこと、得意なことをどんどんやってもらうのです。その過程でほんの少しずつ、やりたくないことや不得意なことを加えていくのです。そうすると、さほど苦痛に感じることなくできるようになっていきます。

ここでは、無理やりにとか一度に多くのことをさせないようにして少しずつ、徐々に加えていくのがコツです。好き嫌いの多い子供に苦手な食べ物を食べさせるために、お母さんが子供に使っていたような方法ですが、職人のやる気を引き出すのにも有効な方法です。職人も、いつの間にか苦手なものが苦手ではなくなり、やりたくなかったこともいつの間にかできるようになるように変えていくのです。

私は、以前この加減がわからなくて、一度に多くのことを無理やりにやらせようとして職人と衝突したことがあります。しかし、何回か衝突しているうちに加減がわかるようになり、今では割とスムーズにやる気を引き出して仕事や勉強、朝礼などに取り組んでもらうことができるようになりました。気まずい雰囲気を作らず、常に明るい雰囲気で職人に接することができれば、職人自身も悪い気はしません。ですから、職人のやる気をうまく引き出すことが、経営者の最も大事な仕事といえるでしょう。

そして、やる気のある職人が職場の中に何人かいると、職場や現場の雰囲気がよくなります。活気が出てきて周りの職人にもよい影響を与えてくれるため、全体的な作業効率が上がって仕事が何倍も進むようになります。ここでもまた評価をして褒めてあげれば、さらにやる気が増してよい結果につながるわけです。

経営者であるあなたに一番必要なのは、「職人のやる気を引き出す」能力なのです。職人とのコミュニケーションを図り、仕事を通してこの能力を身につけていきましょう。

みなさんも一度は聞いたことがあるとは思いますが、山本五十六元帥の名言があります。「やってみせ、言って聞かせて、させてみせ、ほめてやらねば、人は動かじ」「話し合い、耳を傾け、承認し、任せてやらねば、人は育たず」「やっている、姿を感謝で見守って、信頼せねば、人は実らず」――この言葉は、職人育成の要諦なのです。

経営者は、会社のビジョン（夢・将来の展望）を語り、職人を動機づけすることができなければなりません。また同時に、職人が仕事をしやすく、勉強をしやすいように環境を整えてあげることが大事です。さらに、経営者自らが会社のビジョンに向かって情熱を持って行動し、率先垂範して仕事や勉強に取り組む――そんな経営者の姿勢に、職人も動機づけされるのです。

経営者自身が率先して学ぶ

私自身も、現場で職人をしていた経験がありますが、現場での仕事を通して、本当に多くのことを学ぶことができました。施工に関することから技術に関すること、材料の仕入方や職人の手配、現場の段取り等、どうすれば仕事を効率的に進めることができるか、どのようにすれば材料のロスを減らすことができるかということを常に考え、わからないことは、先代の社長や先輩職人から教えてもらいました。

しかし、経営に関することは、現場の中ではほとんど学ぶことができませんでした。だから、現場の仕事が終わってから書店や図書館に行って経営に関する本を読み漁り、経営に関する研修やセミナーに参加して学びました。

その他にも、異業種交流会や地域の団体にも入会して、経営者が集まる勉強会があれば積極的に参加しました。現場で一緒に仕事をしていた職人たちはそのようなことは一切せず、私が誘っても一緒に参加をすることはありませんでした。

私の場合は他の職人と違い、研修や経営者が集まる勉強会に参加することはまったく苦ではありませんでした。むしろ、毎日が新鮮で楽しかったのです。比較的、若い頃からそのような勉強会に参加していたこともあり、そこで出会った多くの先輩経営者に可愛がってもらいました。また、仕事をいただいたこともあるし、経営に関することもいろいろ教えていただきました。

もし、私が他の職人のように経営に関する勉強もせず、他社の経営者の方々と交流も持たずにそのまま経営者になっていたらどうでしょう。私の会社は、今頃電話帳から消えていたことでしょう。

たしかに、職人は現場で仕事をし、現場から多くのことを学び取ることが大切です。しかし、私が経験してきたように、現場ですべてのことが学べるわけではありません。これから職人が現場で仕事をしていくには、現場以外で学ぶべきことが半分以上を占めるようになるでしょう。嫌いだからやらない、苦手だからしないというのでは、偏った職人になってしまいます。職人も、バランスのとれた職人でなければ、これからは必要とされなくなります。

なぜ、現場だけではだめなのかを考えてみましょう。福沢諭吉の『学問のすすめ』という本があります。福沢諭吉は、「天は人の上に人を造らず人の下に人を造らず」と書き残していますが、これは「みんながみんな平等ですよ」といっているわけではありません。本来、人は平等なはずなのに貧富の差があるのはなぜなのだろう、という疑問からきています。それは、学問(勉強)しているかしていないかの差が、そのまま貧富の差になっているのではないか、ということです。

続けて、このようにもいっています。「人は生まれながらにして貴賤貧富の別なし。ただ学問を勤めて物事をよく知る者は貴人となり、無学なるものは貧人となり下人となる」。職人は現場で技術を覚え、現場で一所懸命仕事をしていれば、勉強などしなくてもいいのではないかという錯覚に陥りますが、学習する職人としない職人では、長い目で見ると明らかに差が出てきます。

冒頭に掲げた本章のタイトルは、「企業百年の計は職人育成にあり」です。職人をしっかり育成できる会社は、百年企業になることも夢ではありません。職人育成こそが、永続できる強い会社を創るのです。

しかし、職人を育成するのは容易なことではありません。職人をしっかりと育成できるだけの経営者にならなければならないのです。まず、経営者自身が率先して学ぶことが大切です。経営者自身が範を示せば、必ず職人はついてきます。

2章

反発だらけの職人育成
理念を掲げて
社風を変える

理念を創り、会社・現場のルールを徹底させる

経営者は、会社のビジョンや方向性を示し、社員や職人を導いていかなければなりません。そのために経営者は、経営理念を確立し、経営理念を社内に浸透させていく必要があります。

経営の神様といわれた松下幸之助氏も、経営理念の確立と経営理念の浸透の重要性を述べていますが、本当に経営理念が確立され、経営理念が浸透している会社は、大企業でもそれほど多くはなく、ましてや中小零細企業ではほとんどありません。

しかし、大企業に比べて中小零細企業はコンパクトなので、経営理念が確立されたのであれば、経営理念を浸透させる点においては有利といえます。

とくに職人を使う会社では、職人を育成する過程で経営理念の浸透を図っていくことが、会社の成長発展にも大きく影響を与えます。というのも、経営理念とは会社の考え方であり、価値観です。会社の考え方や価値観を、一人ひとりの社員や職人が理解したうえで仕事に取り組めば必ずお客様に喜ばれるようになり、仕事の受注もみるみる増えていきます。経営理念を創り社内に浸透させることも、経営者の大事な仕事のひとつなのです。

それでは、経営理念はどのように創ればいいのでしょうか。経営理念は、会社の考え方であり会社の価値観なので、大企業でも中小零細企業でも必要ですが、必ず自分の会社に合ったも

のでなくてはなりません。大企業のものをそのまま使ったり、まったく自社に合わないものを創ってしまうと、会社はうまく機能しなくなります。

そして経営理念は、社員はもちろん職人に至るまで、会社に関わるすべての人に共感してもらえるようなものでなければならないし、自分たちはこのために仕事をしていると思えるようなものでなくてはなりません。

経営者が経営理念について深く考え、ときには社員や職人の意見も取り入れながら試行錯誤して、さらに何度も何度も練り直して、納得のいくものを創りましょう。妥協は禁物です。

私の会社を例に挙げると、創業時から28年間、経営理念というものはありませんでしたが、創業者である先代は、「技術と伝統を重んじる」と常に言っていたため、技術に秀でた職人集団的な会社として成長してきました。

しかし、技術には優れていても、知識やマナーの部分で他社よりも劣ってしまうことも否めない状態でした。先代から会社を引き継いだ際に、技術だけの職人集団では、この厳しい時代は生き残っていけないのではないかと考え、経営理念を創ることにしました。

会社として何が一番大切かを熟考し、経営理念を創るためのセミナーに参加し、参考になる書籍を何冊も読んで創り上げたのが、「私達は、礼儀・技術・知識の向上を目指し、感謝の気持ちで社会に貢献します」という経営理念です。これを、1年がかりで創り上げました。

その過程で学んだことは、経営理念の役割とは何かということです。経営理念の役割のひとつとして、社員や職人を同じ方向に向かわせるというものがあります。同じ目標に向かって、全員のベクトルを合わせることができるということです。

経営理念ができる前は、社員も職人もバラバラの方向を向いていましたが、この経営理念を掲げてからは社内のベクトルが徐々にではありますが揃ってきたのではないか、と感じました。技術だけではなく、礼儀＝マナーと知識を経営理念に加えたことにより、技術だけではない職人育成がはじまったのです。

私も実際には、会社で経営理念を創るまでは、なぜ経営理念が必要なのかということについて理解できていませんでした。しかし、「夢（理想）なくして目標なし、目標なくして計画なし、計画なくして実行なし、実行なくして成功なし」という言葉を知り、経営理念の「理念」は理想＋信念、または理にかなった念《おも》いであるということを学びました。

職人として成功するためにも会社として成功するためにも、夢（理想）を持つことが第一なのだと気づき、理解することができました。

会社の社風は経営者が創る

私は営業の仕事もしているので、いろいろな会社におうかがいをします。ときどき、この会社の社風はすばらしいと思う会社があります。うかがったときに、受付の方の挨拶がしっかりしていて対応も心地よい。社内を見ても整理整頓が徹底され、社員の方々もすれ違うたびに元気な挨拶をしてくれる——このような会社は、業績もよいことが多いようです。

逆に、何だ、この会社は！　と思うような会社もあります。まず、受付での対応の悪さに驚かされます。こちらが挨拶をしても挨拶すらできない。社内を見回すと物が乱雑に置かれている。現場や工場を歩くと目につくところのほとんどが、もう少しきれいにできないものかといいたくなるほど散らかっている。

このような会社は、社風が悪く業績も悪い。前者と後者では、いったい何が違うのだろうと考えてみました。

その答えは、その会社の経営者に会ってお話をしてわかりました。答えは、実に単純明快です。経営者の考え方が、まるで鏡のように会社に反映されているのです。

前者の社長にお会いしたときには、受付の方や社員同様、挨拶が元気で笑顔で対応をしてくださいました。終始、心地よくお話しすることができ、社長の魅力に引き込まれました。私のほうが、この会社の商品を購入したい、ぜひ取引をしたいという気持ちにさせられました。

一方、後者の社長にお会いしてお話をさせていただいたときには、なぜだか嫌な感じがしました。私は、営業という立場でおうかがいをしていたので、横柄な態度の社長の話を聴いていましたが、社員の悪口や自分自身の自慢話を長々と聞かされました。ある意味、自分はこうなってはいけないと感じさせられるものがありました。

その会社とは結局取引をすることはなく、その後もあまりよい評判は聞いていません。経営者が勉強不足で自分の会社の社風が見えていないのが、この会社の社風が澱んでいる原因だと思います。

社風のよい会社は、すべてにおいてよい方向に向かい、よい循環を繰り返し、さらによい社風になっていきます。よい循環がスパイラルアップしていくのです。よい社風の会社に入社した新人職人は、必ずといっていいほどよい職人になります。よい土壌にはよい野菜が育つのと同じです。

当然といえば当然ですが、悪い社風の会社は悪い方向に向かい、悪い循環をして、入社してきた新人職人は、その会社の社風に嫌気がさしてすぐに辞めてしまうか、悪い社風に染まった程度の低い職人になってしまうのです。土壌が悪い上に水も栄養も与えないのですから、よい野菜が育つわけがありません。最終的には、お客様から会社自体が敬遠されてしまうために業績も悪くなり、会社は衰退してしまうのです。

社風は、経営者の考え方や習慣に大きく影響されて構築されていきます。社風がよければ、そこで働く人たちも必ずよくなります。経営者は、自分の会社の社風は自分が創っているのだということを肝に銘じておきましょう。

栃木県に、H社という紙袋・包装紙製造業の会社があります。以前、H社のS社長の講演を聞いた際に、H社は掃除で社風を変えたという話をされていました。

掃除で会社をよくしたという話はイエローハットの鍵山秀三郎さんが有名ですが、S社長は、鍵山さんがトイレ掃除をしているビデオを見て自社とのギャップを感じ、鍵山さんの徹底した掃除の様子に涙が出るほど感動したそうです。

H社も何とか社風をよくしたいと考え、S社長は一念発起して掃除に取り組んだそうです。掃除をはじめる前のS社は、工場内に不良品の山があったそうです。まずは、早朝から水周りの清掃をはじめ、徐々にきれいになっていったのです。3ヶ月継続した結果、1人目の社員がS社長の清掃に気づき、「その掃除はすごいですね。どこで習ったのですか」と声がかかったのです。社風をよくしたいと考える社員が数名、一緒に掃除をしてくれるようになりました。

その後、S社長たちの清掃活動やOFFJTに反発する社員が10名近く会社を去りましたが、その頃社風の変化も現われてきたのです。しだいに掃除の習慣が社内に広がっていき、不良品が減って生産性が向上して収益が上がるようになりました。

今では、他社がH社の掃除を見学に来るほど、工場内は5S（整理・整頓・清掃・清潔・躾）が徹底されているそうです。S社長は、鍵山さんとともに「栃木掃除に学ぶ会」を創りました。

私も、S社長のお話に影響を受けて掃除をはじめました。社内も会社近隣も、以前とは比べものにならないくらいきれいになり、社風も少しずつよくなってきています。よい習慣が定着すると、社風がよくなるということが実感できました。

職人の反発が強いものほど、実行すると効果が大きい

商品や技術、サービスといったものは、何もしなければ必ず陳腐化していくものです。そのため、常に新しいことに取り組んでいくことが必要ですが、何か新しいことに取り組もうとすると、社員や職人から必ずといっていいほど抵抗や反発があります。

しかし、抵抗や反発があるからといって、新しいことに取り組まないというのでは会社は何も変わりません。とくに、会社の経営状態が芳しくないときには、抵抗や反発を覚悟のうえで新しいことに取り組まなければなりません。私の経験では、社員や職人の反発が強いものほど、実行するとその効果は大きいといえます。

職人に限らず、人間は誰しも変化を嫌い、現状を維持したいという気持ちが無意識に働きます。そのため、会社の現状を変えるために新しいことに取り組もうとすると、抵抗や反発が生じるのです。

たとえば、あなたの会社で朝礼や社内勉強会、5S活動等を実施するとしましょう。今までそのような取り組みをしてこなかった会社なら、そのことを社内の全員に通達するとたちまち否定的な意見や反発が生じるのではないでしょうか。

それこそ、「そんなことをするぐらいなら会社を辞める」とか「そんなことをやっても意味

ないよ、何も変わらないよ」といった声も聞こえてくるでしょう。

しかし、よく考えてみてください。今、新しいことに取り組んで現状を変えなかったら、会社はどうなってしまうでしょうか。商品や技術、サービスなどが陳腐化し、そのことが原因で経営状態が悪化し、会社は倒産してしまうかもしれません。従業員や職人は、自分から会社を辞めなくても働くところがなくなってしまいます。

否定的で無責任なことをいう職人は、自分で自分の首を絞めているようなものです。職人の否定的な意見を聞いて、新しいことに取り組むことができないのであれば、会社の経営状態は悪くなることはあっても、よくなることはないでしょう。

否定的なことをいって実際に行動に移さない職人は、考え方を根本から変えて新しいことに取り組んでもらうか、辞めてもらうかのどちらかしかないのです。経営者は、職人の抵抗や反発に屈していてはダメなのです。

新しいことに取り組んでも、その効果はすぐには現われませんが、朝礼や社内勉強会・5S活動等は、継続することにより必ず効果が出てきます。効果が出ないうちは反発や抵抗もありますが、効果が出はじめてくると反発や抵抗もなくなり、経営状態も改善され、会社は健全な状態になります。それを継続していけば、会社はさらに成長発展していくことができます。

会社の中で、すべての人が賛成するようなことは、あまりやっても意味がありません。ときには、反対が多いことでも実行に移す必要があるのです。ある著名な経営者がテレビの番組でこんなことをいっていました。「新しい事業をはじめようと考えたときに、まず数名の社員に聞いてみる。全員がそれはいいですねといったものは、成功したためしがない。それは難しいのではないですか、といわれたものが成功につながった」

社内に混沌としたムードが漂ってきたら、経営者は反発があっても新しいことに挑戦する必要があるのです。

職人の常識は間違いだらけ

私が職人時代に、先輩職人から教わった職人の常識には間違いが多くありました。というよりも、経営者という立場になってその間違いに気がついたのですが、先輩職人は悪気があって間違ったことを教えたわけではなく、おそらくその方も先輩職人に教わってきたことなのでしょう。本人は正しいと思っているのです。

間違った常識のひとつに挨拶があります。「新人職人からベテラン職人に先に挨拶するのが常識だ！」というものですが、新人職人から先に朝の挨拶がないと、ベテラン職人は挨拶もせず機嫌が悪くなり、怒ったりするのです。

たしかに挨拶は重要だし、挨拶をすることを教えることはよいことだと思います。しかし、この常識は一見正しいように思えるのですが、実はまるっきり正反対なのです。本来は、経営者やベテラン職人から積極的に若い職人に元気よく挨拶をし、率先垂範で教えていくのが正しいのではないでしょうか。

挨拶はどちらから先にしてもいいことだし、挨拶は毎朝、気持ちよくしたいものです。ベテランの職人や経営者がよい社風を創っていくのが常識なのです。

その他にも、私が職人になりたての頃に現場で見たのは、ベテラン職人がいばり散らし、若手職人を自分の小間使いのように使っている光景です。これは常識というよりも、何か大きな勘違いをしているのではないかと思いました。自分で使う道具を若手職人に持ってこさせたり、使った道具を洗わせるなど、まるで学生時代の使いパシリのようなものです。

こういうのは、職人育成とはいいません。経営者は、このようなことがないように現場の状況をよく見ておくことも必要です。一人前の職人になろうと思ってせっかく入社してきた若手職人も、このような扱いを受けたのでは仕事をする意欲がなくなるし、将来に対する希望もなくしてしまいます。経営者が一所懸命に職人育成に取り組もうとしても、このように質の悪い先輩職人がいたのでは会社にとって大きなダメージとなります。

先輩職人の態度は社風の形成に大きく影響してくるため、職人を育成していくうえで最初に改善しなければならない点です。新人職人の育成をする以前に、新人職人を育成する立場のベテラン職人や先輩職人自身がしっかりと勉強して、自らがお手本になるような職人にならなければ、新人職人を育成することなどできません。

ベテラン職人が、新人職人を育成できない理由は、やはりベテラン職人の勉強不足にあるのです。勉強不足のベテラン職人は、技術以外のことでは自信がなく虚勢を張ります。唯一、技術面だけは新人職人に勝っているため、技術面で追いつかれてしまうと立場がなくなってしまうからです。経営者は、新人職人の育成だけに眼を向けるのではなく、ベテラン職人の指導力育成にも力を入れなければなりません。

常識とマナーは会社で仕込む

今の若い者は、常識的なことが何ひとつわからない。そして、物おぼえが悪くて仕事ができない、と経営者やベテラン職人はぼやきます。

しかし、自分たちが若かった頃と比べてみてください。それほど大きく変わらないのではないでしょうか。会社に入ってきたばかりの新入社員や新人職人に対して、あまりにも多くのことを期待しすぎているのではないでしょうか。新人職人は、つい最近まで学校に通っていた、社会人になりたての一年生なのですから、何もわからなくて当然です。

どんな人材でも、あなたの会社を選んで職人になろうと入社してくれたことに感謝をするべきです。むしろ、会社に入社して来た時点で常識やマナーがあるに越したことはありませんが、あまり関係はありません。私の偏見かもしれませんが、職人の道を選んで入ってくるような人には、常識やマナーが最初からしっかり身についているという人は少ないのではないでしょうか。ですから、常識やマナーは技術と一緒に会社で仕込めばいいのです。

職人の常識は間違いだらけと述べてきましたが、技術と専門知識を持った礼儀正しい職人を育成していくためには、間違った常識や知識、マナーを教えてはいけません。ベテラン職人も先輩職人も自分の知識やマナー、そして常識が本当に間違っていないかどうかを再確認してから後輩職人に教えるようにしましょう。この部分は、会社の中でもしっかりと管理していかなければなりません。前項でも述べましたが、とくに挨拶は重要です。

人にもよりますが、新人職人は自分から挨拶をするのが恥ずかしいと感じている人が多く、挨拶がしっかりとできる人は少ないようです。ですから、朝会社に出社してくる新人職人には、経営者や先輩職人のほうから率先して、明るく元気な挨拶を投げかけてあげましょう。最初のうちは照れ臭そうにしていますが、毎日継続していくうちに新人職人もしっかりと挨拶ができるようになります。職人の間違った常識のところで述べたような、機嫌が悪くなったり怒ったりなどというのは論外です。

一人前の職人になろうとやる気になっている若手職人は、技術を習得するスピードが速いのです。この時期に専門知識とマナー、常識的なものも同時にしっかりと教え込んでいけば、技術を習得するスピードと同じぐらいのスピードでどんどん吸収していくはずです。

すべてのことを一度にやっていくのはたいへんですが、技術と分けて教えていくよりも効果的といえます。ですから、常識とマナーは会社で仕込めばいいのです。

嫌われても、細かいことをいい続ける

職人を使う会社の経営者は、職人にさまざまな要求をしなければなりません。要求によっては、反発されたり嫌われることもありますが、あまり気にすることはありません。

よく、部下に嫌われるのが怖くて部下育成ができないという上司がいますが、そのような上司は、上司としての資格がありません。職人を育成する場合も同じです。反発や嫌われることを恐れていては、職人育成はできません。反発があるたびに気にしていたのでは、職人を使う会社の経営者は務まりません。

職人は、技術的なことに自信を持っている人が多いので、技術的なことができれば他のことは多少できなくてもいいのではないか、という人もいますが、これからの時代はそういうわけにはいきません。

今の時代に求められているのは技術だけではなく、専門知識を持った礼儀正しい職人なのです。お客様も会社も、そういう職人を求めているのです。社内や現場のルールをしっかりと遵守する職人を育成することが会社に求められているのです。しかし、現場に足を運ぶと、現場のルールが守られていないことがあります。

経営者は、職人に現場のルールを徹底して守らせる役目があります。現場のルールは、そこで働くさまざまな職種の職人が、より安全に作業ができるように決められたものなので、現場に入るためには現場のルールを守るのが最低条件になります。

しかし、「自分だけは」とか「少しぐらいは」と、現場ルールを守らない職人が少なくありません。そのような職人に限って労災事故を起こしたり、他の職人に迷惑をかけたりします。あなたの会社にはそのような職人はいませんか？　いるとすれば、いずれ問題を起こすか大きな事故につながる可能性があるので注意が必要です。

たとえば、建設工事の現場ではヘルメットの着用が義務づけられていますが、守られていないことがかなりあります。ヘルメットは、建設現場という危険な場所で作業時に自分の身を守るために着用するものですが、職人は面倒くさがって被らないことがあります。

実際に私は、労災事故の現場に何回か遭遇したことがありますが、ヘルメットを被っていたらこんな大惨事にならなくてすんだのに、と思うことが少なくありません。ですから、職人に反発されても嫌われても、安全に関することは細かく、そして厳しく何度も言い続けなければなりません。

安全に関すること以外でも、お客様に迷惑をかける行為や会社の経営理念に反する行為があるときには同様にしなければなりません。事故が発生してからでは取り返しがつかないし、経営にも支障をきたすことになるからです。何より、怪我をして最終的に困るのは、職人である本人自身だからです。

礼儀正しくさわやかな職人の育成に取り組む

一般的な職人のイメージは頑固者、怖い人、そして無愛想な人といったところでしょうか。私は、これまで多くの職人を見てきましたが、職人にはそのようなイメージが強いようです。

しかし、このようなイメージで仕事を続けていったのでは、いずれはお客様から見放されてしまいます。当然、会社の経営にも影響が出てきます。職人がお客様に与えるイメージは、そのまま売上げや利益につながっているのです。

ひと昔前は、気難しい職人や無愛想な職人でも技術があれば、お客様も会社も大目に見てくれていたのですが、時代は変わりました。職人もマナーを守り、お客様には好印象を与えなければなりません。私の会社も、以前は職人集団という感じで、お客様にはあまりいい印象を与えていなかったような気がします。

しかし、このままでは顧客から見放されてしまうと考え、今までの職人のイメージを払拭できるような「礼儀正しくさわやかな職人」の育成に取り組もうと考えました。

前項で述べたように、経営理念の中にも「礼儀」という一文を加えました。それだけ職人育成への思いがあったからです。しかし、ひと言で職人に礼儀を教えるといっても、そう簡単なものではなく、非常に難しいものです。

礼儀というのは、子供の頃から家庭の中で、親のしつけのもとに教え込まれるものなので、最初からある程度できている人もいれば、まるっきりできていない人もいます。

私自身も、礼儀については親に教え込まれた部分もありますが、子供の頃から剣道をやっていたので、剣道を通して礼儀を叩き込まれたのがよかったのではないかと思います。

私の会社では、新人職人の場合はできるだけ入社してからすぐに態度教育の研修に参加させています。また会社の中でも、仕事を通して礼儀に関することはしっかりと指導をしているほか、お客様への対応がきちんとできるように勉強会などにも参加するようになりました。

礼儀正しくさわやかな職人を社内で育成できるようになれば、職人自体がそのまま営業職もこなせるようになります。現場で仕事をしながら、お客様とコミュニケーションをとることができるため、再受注の確率が高まるのです。お客様が、口コミで新たにお客様を紹介してくれることもあるので業績を上げることができます。それだけ、職人の育成が大切であるといえます。

職場をきれいにすれば気持ちが変わる

ある会社の研修に参加をしたとき、イエローハットの鍵山秀三郎さんの『凡事徹底』というビデオを観る機会がありました。私はそのビデオを観て、涙が出るほど感動しました。今から12年ほど前のことです。

なぜ、涙が出るほど感動したのかというと、バブルが崩壊してから数年後、取引会社の倒産や遅配、工事単価の下落などがあり、私の会社も経営がうまくいかず、会社の倉庫や資材置き場、現場も散らかしっぱなしの荒れ放題になり、職人の育成どころか職人一人ひとりとのコミュニケーションが取れず、トラブルが絶えなかった時期があったからです。

しかし、経営不振の本当の原因は別のところにありました。私自身の勉強不足や能力不足もあり、職人をうまくまとめることができていなかったのです。私は自分自身の能力不足を棚に上げ、外部環境のせいにしたり周りの職人のせいにしていました。周りの人から見れば、その頃の私は本当にカッコの悪い人間に見えていたことでしょう。

そんなとき、青年会議所の先輩から勧められて、ある研修に参加をすることになりました。その研修の中で教わったことを継続して実践するうちに、少しずつ会社の状態がよくなりはじめました。

毎週土曜日に行なう会社近隣の清掃活動の様子

しかし、少し会社の状態がよくなると天狗になり、教わったことを持続させることができず、再び業績が悪化してしまいました。何とかしなくてはならないと、もがき苦しんでいたとき、ビデオの中で鍵山秀三郎さんが素手で便器を掃除している姿を目の当たりにして、自分は何をやっているのかと涙が出てきたのです。

ビデオを見た翌日から、私は気持ちを入れ替えて早起きをして会社の倉庫や資材置き場、各現場と事務所やトイレを毎朝清掃することにしました。同時に、鍵山秀三郎さんの著書を読んだり、先輩経営者の会社の清掃の仕方を見せてもらうことにしました。

最初は私だけの取り組みでしたが、半年、1年と継続していると徐々に手伝ってくれる人が出てきました。倉庫の中も、以前はかなり乱雑でしたが、仕事が終わってからの時間などを利用して整理整頓し、費用をかけて不要なものは処分しました。

今思えば、研修講師がこんなことをいっていました。「会社の将来が見えないのは、会社の窓が汚れているからだ。だから、会社の窓はきれいにしておきましょう」「トイレが汚い会社は業績が悪い。よい会社か悪い会社かはトイレを見ればわかる」。あれから12年が経過し、会社は見違えるほどきれいになりました。今では、毎週土曜日の早朝に会社近隣のゴミ拾いを全社員でできるようになりました。

会社で行なってきた清掃には、三つの効果がありました。ひとつ目は、実際に見える部分、会社の倉庫や資材置き場および各現場やトイレがきれいになりました。二つ目は、掃除を続けることにより、自分自身の心の中をきれいにすることができました。そして三つ目は、一緒に仕事に取り組んでいるみんなの心をきれいにすることができました。

職場をきれいにすれば、気持ちが変わります。そして毎日、さわやかな気持ちで仕事に取り組むことができるようになるのです。

3K現場がよい職人を育てる

職人が働く現場は危険で汚い、そして仕事の内容はきついといった3Kの状態になっていることが多いものです。職場環境としては、必ずしもよい条件が揃っているとはいえません。しかし、そのような環境で創意工夫をしながら仕事をすることにより技術を向上させ、成長することができるのです。

私が職人時代に最も過酷だと感じた仕事は、地下に雨水を流すトンネルを建設する工事でした。この現場は危険・汚い・きつい、のまさに3Kの現場でした。朝そのトンネルに入ると、夕方まで出てくることができません。1日中、日光に当たることがなく作業環境は劣悪で、使用する道具も最小限のものしか持ち込むことができませんでした。

工事期間は6ヶ月でしたが、この期間にひとつの道具を創意工夫してさまざまな使い方をしました。仕上げをするのに、多くの道具があるのに越したことはありませんが、必要最小限の道具しかない場合には創意工夫をするほかありません。必要な道具がなければ、他の道具を代用するということを学びました。

さらに作業時間が限られているため、作業をどのようにやったら効率的かということも考えました。腕のよい職人というのは、仕事が速くて仕上がりがきれいでなければなりません。仕事を速くするためには、どうやったら一つひとつの作業を効率的にできるのか、ということを常に考えていなければならないのです。

与えられた仕事を何も考えずにやっているようでは、一生腕のよい職人にはなることはできません。仕上がりについても細かい作業に細心の注意を払い、ミスを極限まで減らして仕上げる工夫をしなければ、よい仕上がりにはなりません。

私の経験からいうと、条件のよい現場の作業で身につけた技術よりも、どちらかというと、過酷な現場で身につけた技術のほうが多いように感じます。道具等も、必要に応じて創意工夫し改良を加えることにより、作業効率を上げることができます。

ですから、3Kの現場は悪いことばかりではなく、創意工夫ができる環境といえます。また、3Kの現場は体力と精神力を鍛えてくれます。先ほどの地下のトンネルの現場では、工期が決められていて特殊な技能が必要だったため、代わりの人に頼むということもできませんでした。6ヶ月という期間休まなかったことで、体力的にも相当鍛えられたし、自分自身が仕上げなければならないという責任感が養われ、精神的にも鍛えられました。

日本は四季があるため、1年間の温度差はかなりあります。日本で育った木が木材になると何百年という期間、建物の骨組みとして使うことができるそうです。しかし、あまり温度変化のない南の国で育った木から採れる木材は、日本の木材のように長い年数、使うことができません。木材も人材も、厳しい環境で鍛えられると強くなるのです。

3章

これからの職人はこうあるべきだ

職人も進化するべきである

世の中は、ここ数年で大きく変化しました。そしてあらゆるものが進化をとげ、職場環境を見てもIT化、グローバル化、作業の効率化が進みました。身近なところでは、固定電話から携帯電話に変わり、コンピュータとインターネットの普及により、現場での仕事も劇的にやりやすくなりました。今では、ネット環境が整っていなければ仕事ができなくなったといっていいほどです。

あなたの会社や職場でも、さまざまな変化と進化が起こっているのではないでしょうか。職人の世界にも変化や進化は確実に起こっています。

しかし、職人の変化と進化は時代の変化や進化に比べて、その速度が遅いように感じます。前項で述べたように、職人は変化することを嫌い、避けて通る傾向があります。そのため、変化や進化の速度が遅いのです。

たとえば、コンピュータが普及しはじめたとき、多くの職種の人たちが仕事にコンピュータを取り入れました。しかし、コンピュータに取り組んだ職人は、他の職種の人に比べて圧倒的に少数派でした。

その結果として、コンピュータができる職人は、ごく少数しかいません。私の会社でも、べテランの職人のほとんどがコンピュータを扱うことができません。

しかし、若手の職人はコンピュータを使って日報や現場の管理をし、その他の書類もまとめています。情報を得るのにもインターネットを活用し、データのやり取りもEメールで行なっています。つまり、ベテランの職人ほど時代の変化や進化に対応できていない、ということです。

ベテランの職人は、この点については若い職人を見習うべきです。今の若い者は何もできないのではなく、ある面では、われわれよりも優れた能力を持っているといえます。

時代の変化や進化に対応できない会社は、市場から退場するほかありません。職人もしかりです。時代の変化や進化に対応しなければ生き残っていけないのです。最近、そのことに気づいたベテラン職人の1人が、若手職人に教わりながらコンピュータに取り組むようになりました。

そのベテラン職人は最初のうちはぎこちなく、打ち込みにもかなりの時間がかかっていましたが、徐々にコンピュータが使えるようになってきました。その職人がこのようにいっていました。「なぜ、こんなに便利なものにもっと早く取り組まなかったのだろう」と。

ベテラン職人は、自分の持っているすばらしい技術を若手職人に丁寧に指導をする。逆に若手職人は、自分ができるコンピュータやインターネット等の扱い方をベテラン職人に指導するといった、相乗効果のある新しい仕組みが社内にでき上がりました。

サラリーマン化した職人は要らない

昔の職人は、自分の技術に誇りを持っている人が大勢いました。今でも、自分の技術に誇りを持って仕事をしている職人はいますが、その数はかなり減少しているのではないでしょうか。

技術的なものにも妥協がなく、自分の思うような仕上がりにならなければ時間を気にせず、自分で納得がいくまで仕事をするのが職人気質……というのは過去の話で、今の職人は仕上がりが納得できるものでなくても、時間がくればさっさと帰ってしまう。このように、まるでサラリーマンのような職人が増えています。

しかし、そのような仕事をしていたのでは、一流の職人になることはできないし、そのような職人は、いずれ必要とされなくなってしまいます。何より、自分の技術に誇りを持てないということが、職人としては悲しいことです。このような職人がいると、他の職人にも悪い影響を与えます。とくに、一人前の職人になろうとしてがんばっている若手職人とこのような職人を組ませてしまった場合にはかなり問題があります。

技術を伸ばすには、仕上がりに納得がいかないのであれば、納得がいくまで何度も仕事をするといった積み重ねが必要です。サラリーマン化した職人には、そのような意識はまるでないため、一所懸命やろうとしている若手職人の足を引っ張ります。足を引っ張られてしまうと技術は伸びないし、よい職人が育たなくなってしまいます。

このような状態を、経営者は見逃してはいけません。やる気のある若手職人には、仕事観のしっかりとしたベテラン職人と組ませて仕事をさせるべきです。私自身も職人時代、サラリーマン化した職人と仕事をしたことがありますが、そのような職人は、会社に利益があろうがなかろうが、そんなことはどうでもいいのです。もちろん、お客様のことなどまったく考えていません。自分さえよければそれでいいのです。

正直なところ、一緒に仕事をしていると自分自身もマイナスの影響を受けていることがわかります。1日で終わらせなければならない仕事も、効率を考えないため終わらなくなってしまいます。職人がうまく育たないとか作業が効率的に進んでいない場合には、職人同士の組み合わせを考えたほうがいいでしょう。職人育成には社風が大きく影響するため、職人育成に悪影響を与えるようなサラリーマン化した職人は排除しなければなりません。職人はサラリーマン化してはならないのです。

以前、NHKの「プロフェッショナル仕事の流儀」という番組に、カリスマ左官職人の挟土秀平さんが登場しました。私は、ふだんからその番組が好きでよく見ていましたが、挟土秀平さんの仕事の仕方には感動しました。自分が塗った壁の仕上がりに納得がいかなければ、納得がいくまで何度も塗り直すのを見て、まさに職人の仕事だと感じました。

職人の成長＝会社の成長

「企業は人なり」という言葉がありますが、職人を使う会社の場合は、「企業は職人なり」ということになります。なぜなら、会社を成長発展させるためには職人の成長が不可欠であり、職人の成長なくして会社の成長はありえないからです。会社にいる職人一人ひとりの成長によって、会社自体も成長発展を遂げることができるのです。

よい職人は、会社を支えて会社を成長発展させます。しかし、悪い職人は会社のお荷物になり会社を衰退させます。そのため、職人自身の成長がとても大事なのです。

職人は、やる気があれば必ず成長することができるし、会社としてもやる気がある職人であれば、教育しだいで成長させることができます。

つまり、職人をやる気にさせることができる経営者の能力と職人をしっかりと育成できる仕組みがあれば、会社は成長発展することができるのです。

いい換えると、やる気のある職人がいるのに会社に職人を育成する仕組みがない場合には、職人は現状よりも成長することができません。

職人を使う会社は、職人をしっかりと育成する仕組みを1日も早く構築しなければ、やる気のある職人の成長を止めてしまうことになります。

その結果として、会社も成長発展することができなくなってしまうため、職人にとっても会社にとってもマイナスになってしまいます。

では、どうやってその仕組みを構築すればいいのでしょうか？　私の会社の場合は、仕事を通して技術などを習得してもらうＯＪＴと外部の研修等でマナーや知識等の習得してもらうＯＦＦＪＴを組み合わせたやり方をしています。

その他にも、「13の徳目」という教材を用いた朝礼を通して、よい習慣を身につけられるようにしたり、その反対に悪い習慣を排除したり、考える習慣を身につけることができるように促しています。

もうひとつは、いろいろな会社の事例や経営に関する情報を取り上げた月刊誌『理念と経営』を全職人に読んでもらい、社内勉強会を1ヶ月に1回開催しています。

職人は読書や勉強会のようなことは苦手、と思われるかもしれませんが、会社全体で勉強する習慣がついてしまえば、新たに入社してきた新人職人もスムーズに溶け込んで勉強をするようになります。

よい職人を育成するには、こういった取り組みを継続的にしていくことが重要なのです。勉強する仕組みが社内で構築されていれば、やる気のある職人は自ら進んで学んでいくため、マナーや知識、技術をどんどん身につけて成長していきます。学ぶ社風が会社に浸透し、よい職人が次から次へと育成されていくため、結果的に会社も成長発展を遂げることができます。職人が自ら積極的に学べる環境を社内に作ることも経営者の仕事なのです。

知識を得る方法はいろいろありますが、なかでも読書は最も効果的に知識を得ることができます。昔からある良書を読む習慣を身につけることも大事ですが、『理念と経営』のような、毎月新しい情報が掲載される月刊誌を読むことも大切です。

私は、現場で働く職人に改めて時間を創って読むのではなく、現場に行く車の中に入れておいて休憩時間に読むことを勧めています。一度に多くの量を読まなくても、空いている時間に少しずつ読むのが効果的です。読書の習慣は、短期的には効果が現われませんが、長期的には驚くほどの効果があります。

社内勉強会で使っている月刊『理念と経営』

職人に光を当てる［名古屋の水谷工業］

以前、東京で職人を育成するためのセミナーがあり、名古屋の水谷工業という会社の社長、京極さんのお話を聞く機会がありました。京極社長の会社では職人を主役に据え、職人に光を当てることが会社を成長発展させる秘訣であるとおっしゃっていました。

水谷工業は、後施工アンカーの工事をする会社で、3K（危険・汚い・きつい）に属する中小企業で、私の会社と同じような専門工事業種になります。主に、建設会社の下請けの仕事をしています。しかし、この建設不況の中、半年先まで仕事の受注があり、経常利益率も8％を超えているそうです。

なぜ、そのような結果が出せるのかというと、水谷工業ではしっかりと職人教育を行ない、「職人力」を高めているからです。とにかく職人はデスクワークや座学に対する抵抗が強く、水谷工業でも、当初は職人の教育にはたいへん苦労をされたそうですが、そこでリーダーを決め、いくつかのチームを編成して、社内勉強会を2006年頃に月1回のペースでスタートさせました。

最初の1年目では、社内勉強会は単なる社内行事の位置づけでしかなく、質問に対する答えもお粗末なものが多く、社内勉強会を活かせる職人と活かせない職人がいたようです。質問に対して、よい答えがあった場合には社内で共有化を図り、さらに2年間社内勉強会を継続させて、3年目に差しかかる頃には社内に変化が生じてきたそうです。会社の中の部署間の垣根が取り払われ、新商品・新サービスのアイデアが生まれました。そして、徐々に社内に経営理念が浸透しはじめてから業績も上がりだしたのです。

京極社長は、われわれ中小企業が取り組まなければならないのは、販促費用にお金をつぎ込むことではなく、無駄な費用を使わずに職人と現場の質を向上させることである、と述べています。

職人や現場の質が向上しないうちに、販売促進に力を入れて仕事を受注したとしてもクレームを増やしてしまい、そこで評判を落としてしまっては本末転倒である。お客様に、また仕事をお願いしたい、知人に紹介したいと思わせるような質の高い職人と現場を提供することが必要である。強い商品を探すよりも、たしかな人材を育成したほうが早道であり、職人が変化や学びを好まないのは、自分に対する自信が持てないからである。人財育成については、大手ゼネコンも一流ハウスメーカも同じような課題を抱えている、とも述べていました。

水谷工業は、職人に光を当てる、つまり職人育成の仕組みを確立して成功した企業の事例です。私が目指す理想の会社も、そのような企業です。

今から8年前になります。私は、期間8ヶ月のある研修に参加しました。そのとき、同じグループで一緒に学ばせていただいたのが、水谷工業創業者の水谷幸治さんでした。

水谷さんは私の父親と同じ年だったこともあり、グループの中では父親的存在でした。水谷さんは、自分の仕事は現場監督をサポートする「助っ人稼業」だと常にいっていました。私は駆け出しの経営者だったので、水谷さんから8ヶ月間、経営に関することをたくさん教えていただきました。その研修が終わり、数年後に水谷さんが不慮の事故で亡くなられたということを知りました。

さらにその数年後、2代目である京極社長の講演を聞くことになりました。水谷さんの「助っ人稼業」精神がしっかりと引き継がれ、すばらしい経営と職人育成をされていることがわかりました。水谷さんには本当に感謝しています。

学び続ける職人は不況に負けない

前項で、「職人力」という言葉が出てきましたが、職人力とは、一人ひとりの職人が持ち合わせている職人の能力ということです。職人力には技術面でのもの、技術以外のものがあり、いずれをも高めていくことが職人育成の根幹になります。

職人力を高めるためには、現場で行なう実務および作業も大切ですが、その他に仕事に関する知識やサービス、そしてマナーを身につけることが必要になります。職人を扱う会社は、職人力を向上させる仕組みを構築し、1日も早く職人育成に取り組むことが重要です。

職人力を高める方法は、業種業態によって若干の違いはあるとは思いますが、基本的な部分はどの業種業態でもそれほど変わりはありません。しかし、技術の教え方は職種によって違いがあります。

技術以外のことでの職人育成の仕組みは、必ずしも完成されたものでなく、職人育成に取り組みながら改善を加えて構築していけばいいのではないかと思います。前述してきたように、職人育成の仕組みは短期間で簡単にできるものではありません。それこそ何年、何十年とかけて構築されるものなのです。経営者は、職人が継続的に学べる環境を準備し提供してあげることが大事なのです。

それに対して職人は、職場で勉強することができる環境があれば積極的に学ぶべきです。仮に現在、職場に勉強する環境が整っていなかったとしても、職人は自分自身の力で学んで、経営者と一緒に職人育成の仕組みが構築できるようにしていかなければなりません。

そして、技術を習得することと同時に、技術以外の能力も高めていくことが職人としての価値を高めることにつながります。

ここまで何度も述べてきましたが、職人自身も会社やお客様から選ばれる時代になってきています。それでは、どのような職人が会社やお客様から選ばれるのでしょうか。もし、あなたが経営者やお客様の立場なら、どのような職人を選ぶでしょうか？　学べる環境がありながら、向上心もなく技術や能力も高めようとしない職人でしょうか。それとも、積極的に学んで技術や能力を高めようとしている職人でしょうか。私なら、常に勉強し、職人力を高める努力をしている職人を選びます。

職人＝プロですから、プロ野球選手やプロゴルファーを見れば一目瞭然でしょう。常日頃から一所懸命に努力し、自分の能力を高めている。過酷な練習を積み重ねている。そして、試合に臨んでは成果を上げている人。その能力を活かしてチームに貢献できる人材や能力の高い人材が高い評価を受けているのです。職人の評価も何ら変わりありません。

あなたがもし、積極的に職人力を高めようとしている職人であるなら、会社やお客様に選ばれ、高い評価を受けます。高い評価を受けるということは、次から次へと仕事を依頼されるし、自分自身で自分の価値を高めている職人の働きにより会社は売上げが上昇して利益が上がるため、職人であるあなた自身へのリターンも大きくなります。会社もお客様も、あなたのような職人を絶対に手放したくないはずです。そのため、自分自身で積極的に学び続ける職人は不況にも負けないのです。

職人とコンピュータ

私が額に汗をしながら職人をしていた1995年頃、みなさんもご存知のWindows'95というOSが登場し、誰でも簡単にコンピュータが使えるようになりました。日中は現場で仕事をし、夜は手書きで日報や伝票を整理していた私の仕事も、コンピュータを導入することにより格段にやりやすく、そして早くまとめることができるようになりました。

私の会社は、同業他社に比べてコンピュータの導入は早かったほうだと思いますが、効率化が図れたことで、より多くの仕事に取り組めるようになりました。

このように、道具が進化すると仕事のやり方は劇的に変化します。コンピュータは、職人だった私の仕事のやり方を180度変えてくれました。私はより多くの仕事をこなせるようになり、積算業務や請求業務をはじめ、内部で行なう仕事のほとんどにおいて大幅な時間短縮ができるようになりました。

しかし、私の周りの職人仲間でコンピュータをはじめた人はごく少数でした。コンピュータ自体が高価だったこともありますが、職人特有の新しいことに取り組むことへの抵抗が働いたのではないかと思います。

その数年後、数人の職人がコンピュータに取り組みはじめたのですが、もっと早く取り組めばよかったという声が多く聞こえてきました。そして現在では、コンピュータとインターネット環境がなければ仕事が成り立たなくなりました。

そんなことは当たり前のように感じられるかもしれませんが、私たちの業界ではコンピュータが末端の職人まで普及しているのはたいへん珍しいことです。そして、何よりコンピュータを使いこなせる職人もまだまだ少ないというのが現状です。

私は自分自身の体験から、これからの職人にはコンピュータは必要不可欠と考えていました。しかし、ベテランの職人はコンピュータへの苦手意識があり、積極的に取り組もうとはしませんでした。そのため、若手の職人からコンピュータを教え、徐々にベテランの職人に普及をさせるようにしました。

最近では全社員、全職人を対象にコンピュータの勉強会もはじめました。現場での技術的なことはベテラン職人が若手職人に教え、コンピュータの技術は若手職人がベテラン職人に教える。お互いに教え合い、教わり合える。当社としては、今までにない仕組みだと思います。

ここでも、コンピュータは仕事のやり方を大きく変化させました。

今までのように職人にとって技術はなくてはならないものです。技術のない職人は職人とはいえません。しかし、これからの職人は技術だけでは駄目なのです。多くの知識や能力を兼ね備えていなければ生き残れないのです。コンピュータを使えるということもその能力のひとつであり、コンピュータが使えて、はじめて一人前の職人なのです。

必要とされる職人、必要とされない職人

自分から進んで学ぶ職人はそう多くはないと思いますが、学ぶ習慣ができている職人は必ず成長します。たとえば、仕事の休憩時間に読書をするなど、その程度の勉強でもいいのです。

勉強を継続しているか継続していないかによって、長期的に見た場合に大きな差が出てきます。まるっきり勉強をする気のない職人はまったく成長しないため、将来的には会社のお荷物になって会社から必要とされなくなってしまいます。

あなたがもし経営者だとしたら、しっかり勉強をしている職人としていない職人だったらどちらの職人を選ぶでしょうか？　当然、勉強をしている職人のはずです。お客様の立場に立って考えてみても、常に仕事のことについて勉強をしている職人に丁寧な仕事をしてもらいたいに決まっています。

私の会社では、すべての従業員や職人にＯＦＦＪＴに参加をしてもらっています。同時に月1回の社内勉強会、技能検定や必要な資格が取得できる年齢になれば、必要な教材を支給し受験をしてもらうようにしています。

朝礼で使う『13の徳目』という冊子や社内勉強会に使う月刊誌『理念と経営』も毎月配布しています。技術を高めるために創意工夫をし、さらに練習に練習を重ね、材料や施工方法につ

いて勉強をして知識を高めている職人は、本当にすばらしい仕事をしてくれます。

企業の経営者は、お客様から仕事を受注し、そういった職人に施工をどんどん依頼します。次から次に質の高い仕事をしてくれるため、お客様が次のお客様を紹介してくれます。よい職人がいる会社は、常に仕事が切れることがありません。こういった職人が、会社に求められる職人なのです。

一方、職人とは名ばかりで創意工夫もせず、技術はイマイチ、材料や施工方法についての勉強もまったくしていないので失敗ばかりを繰り返す。お客様からはクレームばかりで会社はお客様からの信用を失ってしまうので次の仕事は来なくなる。そのような悪循環をつくってしまう職人が、会社から必要とされない職人です。

職人であれば、前者のようなお客様や会社から必要とされる職人を目指さなければなりません。お客様や会社から必要とされるということは、職人としては本当に幸せなことで職人冥利に尽きます。自分の技術で人の役に立てるということは、さらに仕事への意欲を高めてくれます。職人は、お客様や会社に必要とされることにより、職人としての能力を高めようと努力をするのです。

逆に、お客様や会社から必要とされないのであれば、職人としての能力は低下する一方です。技術や能力を駆使してよい仕事をすれば、必ず次回も仕事が来るし、職人にとっても会社にとってもよい循環になります。

教育しだいで
どんな職人も伸びる

今現在、技術や能力が低い職人でも、しっかりと教育をしていけば必ず成長し、能力を伸ばすことができます。

しかし、教育を受ける側の職人にやる気がなければ教育しても成長することはできません。職人を教育する仕組みができ上がっている会社でも、やる気のない職人は教育をして伸ばすことはできないのです。

では、やる気のない職人には会社を辞めてもらうしかないのかというと、そうではありません。やる気のない職人をやる気にさせることも、経営者は考えていかなければなりません。やる気のない職人をやる気にさせることが経営者の大事な役目でもあり、どれだけの職人をやる気にさせることができるか、が経営者の力量なのです。

やる気のない職人というのは、自分の将来や仕事に対して否定的になっている人が多いようです。「一所懸命に働いたとしても自分の将来はよくならない」とか「努力をしても、自分は幸せになることはできない」と考えている人が多いのではないでしょうか。

その否定的な考え方を肯定的な考え方に変えていかなくてはならないのですが、否定的な考え方をしている人の考え方を肯定的な考え方に変えるのは、かなりたいへんなことです。なぜかというと、否定的な考え方をしている人は、周りの人の意見を素直に聞くことができない状態になっているからです。

私自身も、職人時代に仕事上のことで失敗が続き、人間関係もうまくいかず否定的な考えを持った時期がありましたが、そのときは周りの人の意見を素直に聴くことができませんでした。

私の場合は、尊敬する先輩からのアドバイスや読書、外部の研修へ参加すること等により、周りの人の意見を素直に受け取ることができるようになり、やる気も徐々に出てきましたが、やる気のない職人もそのような状態に陥っているのです。

これについては、時間をかけてゆっくりと適切なアドバイスをし、やる気を取り戻してもらえるようによく話をしていくことが大切です。やる気のある職人とやる気のない職人では、仕事を覚えるスピードも実際にこなす仕事の量も雲泥の差があります。やる気のある職人が多い会社は当然、成長発展するでしょう。

しかし、やる気のない職人が増えると会社は衰退してしまいます。経営者は、職人をやる気にさせる能力がなければ会社を成長発展させることはできないのです。

4章

職人育成は時間とお金、そして根気が必要

一人前の職人に育つまではすべて投資

どんな企業でも、将来にわたって会社を維持していくためには新入社員を採用してしっかりと教育し、人材育成していかなければなりません。

では、1人の新入社員を会社の戦力とするまでにはいったいどれくらいの期間と費用がかかるのでしょうか。業種業態によってかかる費用はさまざまですが、おおむね300〜500万程度ではないでしょうか。入社してから2〜3年程度は、仕事で稼ぐ金額よりも教育研修などにかかる費用のほうが多いはずです。

職人の場合には、技術の習得をさせるためにさらに費用と期間がかかるかもしれません。しかし、ここで職人育成にかける費用を惜しんではなりません。かけるべきところには、しっかりと費用をかけておかなければなりません。無駄な費用は削減する必要がありますが、職人の育成にかける費用は削減してはいけません。

とくに職人の場合は、技術をしっかりとマスターできるか否かは、本人と会社の将来に大きな影響が出てきます。大手企業では、人材の採用に多くの費用をかけて最初からよい人材を採用し、入社してきた新入社員の教育研修費にもさらに多くの費用をかけています。お金をかけてよい人材を採用し、教育研修費を投資して、その人材を会社の戦力として育て上げます。

中小零細企業では、大手企業の真似はとてもできないかもしれません。しかし、人材の採用には多くの費用をかけることができなくても、入社してきた新入社員、新人職人を育成する費用は、できるだけ多くかけたほうがいいでしょう。

できるだけ多くの費用をかけて、OJT（仕事を通しての教育訓練）による技術の習得と同時にOFFJT（仕事を離れての教育訓練）によるマナーや知識の習得を行なえば、より早く会社の戦力として育成することができます。

私が新人職人だった頃は、まずは現場で見習い期間と称して雑用を数年間させてから技術を習得させ、技術を覚えてからその他のことを教えていくというやり方をしていました。しかし以前のやり方では時間がかかりすぎてしまいます。効率を追求しすぎる人財育成はあまり勧めることはできませんが、OJTとOFFJTをうまく組み合わせて同時進行で職人育成をしていけば、大企業の人財育成にも太刀打ちすることが可能です。そして、しっかりと会社の中で育った職人が次の新人職人を育成することができれば、会社は永続的に成長発展することができるのです。

真剣に取り組んでも技術だけで5年はかかる

私の会社の職種は、左官（さかん）工事業という仕事で建物の内外装を仕上げる工事です。職種によっては、すぐに技術を覚えることができますが、他の職種に比べて繊細さが要求される仕事であるため、ひと通りの技術の習得には最低でも5年はかかります（一級左官技能士の資格を取得するのも、最短で5年はかかる）。

仕上工事ですから、お客様の目に見える仕上部分は新人職人が施工するわけではなく、一流の技術を持ったベテラン職人が仕上げをします。先ほどの5年というのは、仕上げの工事ができるレベルのことです。

入社してからは、ベテラン職人と新人職人がコンビを組んで現場の仕事をしていきます。ベテラン職人が、新人職人のフォローをしながら技術を教え込んでいくのですが、指導するベテラン職人の指導能力も高くなければならないし、仕事を教わる新人職人のやる気や何が何でも技術を習得しようという意欲も必要です。

会社としても、この組み合わせをよく考えて職人育成をしていかなければならないのですが、そんなに多くの人がいるわけではないため、必ずしもベストの組み合わせができるわけではありません。ベテラン職人の中でも、新人職人をうまく指導できる人もいれば、まるっきり指導できない人もいます。新入社員も、やる気がありもともと能力が高い人ばかりではありません。

一見すると、ここでの教育は新人職人だけがされているように見えるかもしれませんが、指導する側のベテラン職人も教育されていることになるのです。

仮に、新人職人が気難しいベテラン職人とコンビを組んだ場合、最初のうちはかなりストレスを感じることがあるかもしれませんが、性格が違う人と人間関係を作っていくということを考えれば、人間関係の勉強をしているといっていいでしょう。

ベテラン職人も、物覚えの悪い礼儀も何もできていない新人職人をいかに一人前の職人に育て上げ、1日も早く会社の戦力として育て上げるという指導育成の勉強にもなります。

1人の新人職人を一人前の職人に育成するのには、本当に長い時間がかかります。技術だけで5年といいましたが、すべての面においての職人育成は何十年もかかるということです。つまり、会社の経営自体が職人育成といっていいでしょう。だから、職人を使っている会社の経営は、他の職種の経営に比べて急激によくなることはほとんどありませんが、職人一人ひとりがしっかりと育成されていくことにより少しずつよくなっていきます。

逆にいえば、一度よくなれば急激に悪くなることもほとんどありません。その部分を考えると、職人をしっかり時間をかけて育成している会社は強い会社といえるでしょう。

一人前になる前に多くの人が辞めていく

　一人前の職人になるためには、前項で述べたように5年以上の時間がかかります。それを長いと感じるか短いと感じるかは人それぞれだと思いますが、一人前の職人になるにはそれなりの時間がかかります。新人が一人前の職人になるのに、私の会社の場合、まず1年目で体力的な問題で障壁にあたります。

　左官職人に限らず、外部で仕事をする職種の場合、気候面や環境面で寒かったり暑かったりということに対応していかなければなりません。仕事ですから、学生の頃のように寒ければ休むとか、暑いから涼しいところに逃げるというわけにはいきません。現場の状況に常に適応していかなければならないのです。

　つまり、現場の状況に合わせて体を作っていくことが必要であり、現場に合わせて体を鍛えていかなければなりません。この面がしっかりできていないと、職人用語でいうところの「現場で泣きが入る」という状態になってしまいます。

　入社してから最初の1年で、気候面や環境面に適応できる体を作ることが、職人の仕事になるわけです。この1年でしっかりと体を作っておかないと、すぐに泣きの入る職人になってしまうため、一緒に仕事をする職人や会社からは低い評価を受けてしまいます。仕事をしている

料金受取人払郵便

神田局
承認

6162

差出有効期間
令和４年11月
19日まで

郵便はがき

101-8796

511

（受取人）
東京都千代田区
神田神保町１－41

同文舘出版株式会社
愛読者係行

毎度ご愛読をいただき厚く御礼申し上げます。お客様より収集させていただいた個人情報は、出版企画の参考にさせていただきます。厳重に管理し、お客様の承諾を得た範囲を超えて使用いたしません。メールにて新刊案内ご希望の方は、Ｅメールをご記入のうえ、「メール配信希望」の「有」に○印を付けて下さい。

図書目録希望	有	無	メール配信希望	有	無

フリガナ お名前		性　別 男・女	年　齢 才
ご住所	〒 TEL　　（　　）　　Ｅメール		
ご職業	1.会社員　2.団体職員　3.公務員　4.自営　5.自由業　6.教師　7.学生　8.主婦　9.その他（　　）		
勤務先分類	1.建設　2.製造　3.小売　4.銀行・各種金融　5.証券　6.保険　7.不動産　8.運輸・倉庫　9.情報・通信　10.サービス　11.官公庁　12.農林水産　13.その他（　　）		
職　種	1.労務　2.人事　3.庶務　4.秘書　5.経理　6.調査　7.企画　8.技術　9.生産管理　10.製造　11.宣伝　12.営業販売　13.その他（　　）		

愛読者カード

書名

◆ お買上げいただいた日　　　　年　　月　　日頃

◆ お買上げいただいた書店名　（　　　　　　　　　　）

◆ よく読まれる新聞・雑誌　（　　　　　　　　　　）

◆ 本書をなにでお知りになりましたか。

1．新聞・雑誌の広告・書評で　（紙・誌名　　　　　　　）

2．書店で見て　3．会社・学校のテキスト　4．人のすすめで

5．図書目録を見て　6．その他（　　　　　　　　　　）

◆ 本書に対するご意見

◆ ご感想

●内容	良い	普通	不満	その他（　　　）
●価格	安い	普通	高い	その他（　　　）
●装丁	良い	普通	悪い	その他（　　　）

◆ どんなテーマの出版をご希望ですか

<書籍のご注文について>

直接小社にご注文の方はお電話にてお申し込みください。宅急便の代金着払いにて発送いたします。１回のお買い上げ金額が税込2,500円未満の場合は送料は税込500円、税込2,500円以上の場合は送料無料。送料のほかに１回のご注文につき300円の代引手数料がかかります。商品到着時に宅配業者へお支払いください。

同文舘出版　営業部　TEL：03－3294－1801

本人も仕事に対する責任感もなく、いつになっても自信がつきません。ここで辞めてしまう人がほとんどです。

次に、2年から3年目ぐらいで自分の技術面や能力面での障壁にあたります。ベテランの職人との技術レベルの差に、本当に自分もあのような仕上げができるようになるのかとか、本当にこの仕事で食べていくことができるのかという不安が出てきます。この時期に他の職種や仕事がよく見えて、自分には今の仕事よりも他の仕事のほうが向いているのではないかと思い、転職したくなるのです。

たしかに、ベテラン職人との技術の差や同年代の職人との能力の差を見せつけられると、そのような感情になることは否めませんが、石の上にも3年と思いとどまり、辛抱しなくてはなりません。ここでも残念なことに、かなりの人が辞めてしまいます。

最後は、入社して5年ぐらい経つとある程度の技術を覚え、技能検定などで資格も取得し、会社や先輩職人から一目置かれるようになった頃、自信過剰や自惚れの障壁が訪れます。どういう状態かというと、技術面での仕事ができるようになったので自分の能力を過信し、天狗になってしまうのです。この手の障壁は、美容師や飲食関係の人に多く見受けられます。自分でも、独立して会社を作れるのではないかと思ってしまうのです。ここで勘違いしてほしくないのですが、私は独立することが悪いといっているわけではありません。

独立を夢見て仕事に取り組むことは、むしろよいことだと思います。私がいいたいのは、技術面の習得による過信からの独立（退職）は、よい結果にならないということです。会社を作ることはできるかもしれませんが、そう長くは続かないといっていいでしょう。

本当に大事なことは、技術面がある程度できるようになった頃からなのです。残念ながら、この段階で辞めてしまい、たいへんな目に合う人も少なくありません。

ここで、統計によるデータを見ると、中卒の人が最初の職業について1年以内に離職する割合は7割だそうです。高卒の人で5割弱、短大卒・大卒の人では3割程度になるそうです。職人になるために会社に面接に来る人は、中卒・高卒の人が多いように思いますが、若いうちは転職が可能だと考えるのではなく、この職業で自分の人生を有意義なものにしていくのだと考えるべきです。

そもそも、仕事は遊びではありません。一人前の職人になるために、自分がなりたい状態を思い描き、何が何でもやり通すという覚悟が必要です。中学校時代の恩師が、このようなことをいっていたことを思い出します。「人間は一生修業の身」。仕事とは、自分を鍛えるための修行の場なのかもしれません。

職人育成にはOFFJTも取り入れよう

職人の仕事は、OJT(現場での仕事を通して覚えていく)により技術を身につけていきます。昔の新人職人は、「現場で先輩職人の仕事を見て技術を覚えろ」とか「技術は見て盗むものだ」といわれて仕事をしてきました。

しかし、今の若い職人にそのようなことをいっていたのでは、いつまでたっても一人前の職人には育ちません。どうやったらきれいに早く仕上げることができるのかは、先輩職人が新人職人に厳しく、そして懇切丁寧に教えてあげることが必要です。それが今のOJTであり、新人職人をいかに早く一人前の職人にできるのかを考えて仕組みを構築していくのが、会社としてのOJTとなります。

当然、指導する側のベテラン職人も指導をするための能力がなくてはなりませんから、勉強をする必要があります。

新人職人だけではなく、教える側にも教え方の教育をして、新人職人育成ができる人材を育てるのです。その仕組みを構築していくことが、会社を成長発展させる方法なのです。

それと同時に、OFFJT(外部研修)も組み合わせることが重要です。OFFJTとは外部研修のことをいいますが、ふだん仕事している現場を離れての研修ということになります。

私の場合は、地元の高校を卒業してからゼネコンに就職したときにOFFJTに参加したことがあります。しかし、私がこの仕事をはじめてから職人になるまでに、会社を離れて研修に参加するようなことはほとんどありませんでした。

職人は、現場を離れて研修に行くことは仕事とは関係がないと考え、ふだんと違うことには抵抗がある人が多いようです。私も職人時代には、「職人は現場で腕を磨けばそれでいい」とか、「研修よりも、とにかく実践だ」という先輩職人の指導を受けて現場で仕事をしていました。

当時は、先輩の指導が正しいと思っていましたが、自分が数人の新人職人を預かって仕事を教えるようになってから、技術の指導だけで本当にいいのかという疑問に駆られました。お客様に満足をしてもらうためには、技術だけではなく他にも必要なものがあるのではないかと考えたのです。

そして、お世話になっている経営者の方からの勧めもあり、ある外部研修に参加をしました。そのとき、私の考えは一変しました。ただやみくもに現場で仕事をするのは効率が悪く、生産性も上がりません。

現場で学ぶことと同じくらい、ＯＦＦＪＴでも学ぶことがあるのです。実際に自分で参加をしてみて、現場を離れての研修がいかに重要かということに気がついたのです。それ以来、ＯＪＴはどのように行なったら効果的かということを考え、他社のよいところを取り入れたり書籍を読んで改善をしてきました。

ＯＦＦＪＴについても、まず自分で参加してみてよかったものを従業員や職人にも参加してもらうという形を取りました。最初のうちは、職人でもＯＦＦＪＴに否定的な人もいましたが、一人ひとりに参加をしてもらい、現在ではすべての人に参加をしてもらうことができました。

よりよい仕事をしていくためには、ＯＪＴもＯＦＦＪＴも必要です。以前のように、ＯＪＴだけを重視していたのでは職人も会社もいっこうによくなりません。ＯＪＴとＯＦＦＪＴをバランスよく組み合わせることが、職人育成には最も効果的なのです。

転職すれば
マイナスからのスタート

職人は、技術がすべてではありませんが、技術が要といっても過言ではありません。それでは、職人の技術はどのようにして身につけるのかを考えてみましょう。職人の技術は、毎日の地道な作業の継続によって、一つひとつ身についていきます。より高い技術を身につけるためには、同じ作業を創意工夫しながら何度も何度も地道に繰り返し継続するほかないのです。

プロ野球選手やオリンピック選手でも、成功の影には必ず地道な努力と過酷な練習の積み重ねがあります。ここでは、職人になろうとしている人にとって、転職がどれだけマイナスなのかを考えてみましょう。

職人になろうとする人は、先ほども述べたように地道な作業の積み重ねにより技術を習得していきますが、仮に私の仕事で考えた場合、左官の技術を習得するために毎日毎日地道に壁を塗ります。一人前の左官職人になるには、日数にして1500日以上壁を塗ることになります。

たとえば、その半分の750日間地道に壁を塗り、一人前の職人になる前にこの仕事はたいへんだから、もう少し楽な仕事に転職しようとしたとします。

転職先をあちこち探した結果、転職先が美容院だったとしましょう。美容師としての技術や資格は一切持っていないので、以前とは違った作業をまた最初から地道に継続することになります。美容師の世界では、壁を塗った750日間の経験は何のプラスにもなりません。

結果的に、美容師としてやっていくことができるようになるかもしれませんが、最初から美容師を目指した人に比べると、かなりの遠回りをしたうえに地道に壁を塗った750日間は、美容師としては必要なかったことになります。

私もこんなことをいいながら、今の仕事をする前は設計の仕事がしたくてゼネコンに就職をしました。毎日毎日残業をして図面を描きながら、2年ほど設計の仕事をしました。家庭の事情もあり、今の仕事に転職することになりましたが、左官の技術を身につけるにはたいへんな苦労をしました。

私の場合は、建築関係の仕事なので前職で学んだ設計の知識や経験が役に立ちましたが、新人職人のうちはなかなか技術の習得ができず、最初からこの仕事をやっていればよかったと思いました。もしあなたが、まるっきり別の仕事に転職しようと考えているのであれば、やはりマイナスになると思います。転職をする前に、もう一度よく考えたほうがいいかもしれません。

ここまで、私は転職が悪いといっているのではなく、どの職種であっても早く一人前の職人になりたいのであれば、覚悟を決めて取り組むべきだと考えます。

私の経験上、仕事を覚えるまでのたいへんな時期には、隣の芝生は青く見える＝他の職種がよく見えることがあります。今の時代は、自分に合わなければ、安易に転職をする人が多いようですが、世の中はそんなに甘くありません。あちこちフラフラして自分の能力を分散させるよりも、この職種と決めたのであれば、とにかく集中して取り組む姿勢が必要でしょう。

職人というのは、その道に長けているからこそ必要とされるのです。その人が持っている技術が素人と何ら変わりがないのであれば、誰も仕事を依頼しません。だから、職人は同じ作業を創意工夫しながら、地道に何度も繰り返し技術を高めていく必要があるのです。

そのため、一人前の職人になるためには転職はゼロではなく、マイナスからのスタートになってしまうのです。専門工事業種の会社も同じです。餅は餅屋という言葉があるように、その道にはその道のプロ（職人）が必要なのです。あれも中途半端、これも中途半端な会社には仕事はきません。本業に徹することで道は開けるのです。

一人ひとりを、丁寧な仕事のできる職人に育成する

新人職人を採用して一人前の職人に育成するには、前述したように多くの時間と費用がかかります。しかし、時間や費用がかかるからといって、職人を育てることをしなかった場合、その会社の将来はありません。

会社を経営していくということは、仕事を受注して、お客様に喜んでもらえるような仕事をして利益を上げていくことが大事ですが、もうひとつしなければならないことがあります。新人職人を採用し、継続的に育成していくことも会社の成長発展には必要不可欠なのです。

ただ単に、現場で仕事をしている普通の職人には、若い職人を育成することはできません。なぜなら、職人を育成することは自分の仕事ではないと思っているからです。

しかし、これからの時代は新人職人をしっかりと育成できる職人でなければ、会社から必要とされなくなります。新人職人を一人前に育成できる職人が求められているのです。では、どうすれば新人職人をしっかりと育成できる職人になれるのでしょうか。

私は、この仕事をはじめてから数多くの若手職人の育成に携わってきました。職人の育成をしているというと偉そうに聞こえるかもしれませんが、職人を育てる過程で本当に育てられているのは自分自身だということを痛感しています。職人の育成で鍛えられたおかげで、今の自

分があるといっても過言ではありません。新人職人を数人指導しながら仕事をしていると、なぜ同じ失敗を何度も繰り返すのかと頭にくることがしばしばありました。

しかし、よく考えてみると作業に取りかかる前に仕事のやり方や仕事のコツをしっかりと教えていなかったのです。それなのに、よい仕事をしてもらおうとか完璧に仕上げてもらいたいという期待だけが大きかったのです。これでは、自分の期待と仕事の仕上がりに大きなギャップが生じるため、頭にきてしまうのです。

ここで怒られた新人職人は、なぜ自分が怒られているのかがわからないため、不満や不信感を持ってしまい信頼関係がうまく構築されず、人間関係もギクシャクしてしまうのです。そういうことが続くと、よい仕事ができるわけがありません。

ですから、そうならないように、作業をはじめる前に、まず仕事のやり方やコツをしっかりと教えることが大切です。そして、1日の作業が終わってから仕上がりの状態をチェックし、評価をします。

失敗している部分や仕上がりに問題がある場合には、その日に修正できるものは修正し、できないものは翌日に修正をするようにしましょう。仕上がりの状態が良好な場合は、よく仕上がっていることを伝えてほめてあげればいいのです。

この習慣が、新人職人を一人前に育て上げる一番の近道です。職人育成の過程で生じる問題のほとんどは、仕事を教わる新人職人の側にあるのではなく、仕事を教える側にあるのです。

経営者は教育者。あきらめずに育て続ける

経営者は、会社を経営する人というイメージがありますが、職人をしっかりと育成する教育者という側面も兼ね備えていなければなりません。職人を育成するということは、ただ単に技術を身につけさせるということではありません。しっかりとした仕事観や人生観を身につけさせるのも重要なことです。

以前は職人というと、技術さえあればその他のことは多少大目に見られていた時代もありましたが、今は違います。

お客様によい印象を与えることや社会に対するイメージが大切ですから、挨拶がしっかりできて身だしなみがきちんとしていることが大切です。

私の会社では、礼儀正しくさわやかな職人を育成することを目標としているので、一つひとつのことを細かく注意しながら職人育成を行なっています。しかし、一度や二度いったからといって素直に聞くわけでもないし、悪い部分もすぐには改善されません。いってすぐできるようであれば苦労はしないのです。

同じことを、それこそ何度も何度もいい続けなければ、礼儀正しくさわやかな職人には育ちません。経営者も、職人をしっかり育成するためにはそれなりの勉強をしなくてはならない

し、ふだんの行動も模範となるようなものでなければなりませんが、案外、経営者自身が勉強嫌いだったり軽率な行動を取っていることがあります。常に職人は、経営者の行動を見ているということを自覚しなければなりません。

その会社で働く社員や職人は、経営者自身を映す鏡のようなものです。会社とは、経営者の器以上にはならないのです。

私が現場で仕事をしていた頃は、職人のマナーは本当にひどいものでしたが、それでも仕事を受注することができました。

しかし、時代が変わって顧客の見る目はどんどん厳しくなってきています。仕事は、安くて速くてきれいなのが当たり前。職人は、礼儀正しくさわやかな対応をしなければ生き残っていくことはできません。

現場で実際に仕事をしながら、職人のマナーをどうやって高めていくかを考えた結果、自分が子供の頃から教わっていた剣道のことが頭の中に浮かんできました。剣道も仕事も同じではないか、と考えたのです。

現場での仕事は、内容こそ若干違いますが毎日同じことを繰り返します。すると、剣道の練習と同じように、技術が徐々に向上していきます。剣道の場合は、同時に人間性も磨いていかなければ強くなれないと教わりました。仕事も同じです。職人が技術を高めていくためには、人間性を磨いていく必要があるのです。

5章

職人は個人プレーよりもチームワーク

1人でできる仕事は限られている

私の会社で行なっている仕事は、現場において建築物を作ること、その建築物の壁を塗ったり床を仕上げたりすることになります。当然、最初から最後までを1人で完成させるわけではありません。当社が担当するべき部分（左官およびタイル工事）を、数名の職人が協力し合って仕上作業を行ないます。

一般住宅を建築するのにも、基礎、大工、左官、塗装、設備、電気、畳……等々とそれこそ20種類以上の職種が関わります。左官工事でも、材料を作る人、運ぶ人、塗る人と2人以上の人が力を合わせて行なっています。

職人の仕事というのは、1人でやるのではなく、複数の職人が協力しながら仕上げるものがほとんどです。なぜ1人ではなく、複数の職人が関わるのかというと、1人の能力には限界があり、自分の得意とする部分を担当して、身につけた能力や技術を活かして分業したほうが効率的でよいものができるからです。

たとえば、1本のシャープペンを自分1人で最初から最後まで作るとしたらどうでしょう。はたして作ることができるでしょうか。答えは、何年何十年かけても1本のシャープペンを作ることは不可能です。

なぜなら、シャープペンを1本作るのにも、ペン先を作る人、バネを作る人、芯を作る人、消しゴムの部分を作る人など、それこそ数十、数百のパーツを作る人がいて、それを組み立てる人がいて、やっと1本のシャープペンができ上がるのです。こんな小さなものでも、多くの人が力を合わせてひとつのものが作られているのです。

建物の話に戻りますが、お客様に満足いただけるよい建物を作るには、多くの腕のよい職人とその職人を統括指揮する人が必要になります。そこで重要になってくるのが、職人同士のコミュニケーションやチームワークです。

どんなに腕のよい職人がいたとしても、それぞれがバラバラに動いていたのでは作業効率は悪く、いっこうによい建物はできません。現場を統括指揮する人の指示にしたがい、しっかりと打ち合わせをして協力をしながら仕事を進めていかなければ、よい建物はできないのです。

よい仕事をするよい会社は、職人同士のコミュニケーションがうまく取れています。職人同士が信頼し合っているため、人間関係が良好なのです。工程表に沿って、各職種の職人が順番に作業を進めていきます。基礎屋が基礎を作り、大工が木工事を行ないます。瓦屋が屋根を葺いて、その後に左官屋・電気屋・設備屋・畳屋と順番に入りますが、前後の職種がうまく連携を取って無駄のない絶妙なタイミングで現場に入ります。

各職種の職人は、お客様の喜ぶ顔を思い浮かべて一所懸命に作業を進めるのでトラブルもなく、最高の建物が完成するのです。

すべてが完璧にできる職人はいない

職人は、一般の人に比べてある分野のことに関しては非常に高い技術や能力を持っています。つまり、職人はスペシャリストなのです。昔は、技術や能力を活かし、得意な部分で仕事をしていればよかったのですが、今はそういうわけにはいきません。

材料の特性や施工方法および新たに開発された材料等の商品知識も持たなければならないし、お客様と接する機会が増えれば、お客様に対するマナー等も身につけていなければなりません。

顧客の要望は年々多様化しているため、以前のように得意な部分だけでは、仕事ができなくなってきているのです。常に変化に対応することが要求されています。

これからの職人は、スペシャリストでありながらゼネラリストでなければなりません。顧客の要望は多様化し、顧客や経営者が職人に求めることが増えてきました。しかし、いくら腕のよい、気のきいた職人でも、すべてが完璧にできるというわけではありません。

多くの現場で仕事をしていく中では、技術的なミスもあればお客様とのトラブルもあります。職人に限ったことではありませんが、人間は完璧ではないのです。

たとえば、技術レベルは高いがコミュニケーション能力が低い職人もいるし、商品知識は豊富だが、コンピュータは使いこなせない職人もいます。だから、職人同士でお互いの技術をカバーしたり、お互いの仕事をチェックし合うことが必要なのです。

職人同士で仕事をしていると、自分が仕上げた部分の指摘を受けることや、意見をされることに抵抗がある人が多いようですが、現場でのミスやお客様とのトラブルを減らすためには大切なことです。

すべてが完璧にできる職人はいないと述べましたが、職人同士でコミュニケーションを取り、チームワークによって少しでも仕事を完璧に近づけることを考えるべきではないでしょうか。職人は、技術レベルが高くなるにつれ、周りの人からの意見を聞かなくなる傾向があります。

それは、自分の技術に自信があるということもありますが、自分の技術や知識を過信してしまっているといえます。一流の職人と二流の職人の違いは、技術レベルが高くなっても周りの人からの指摘や意見を聞くことができ、さらに技術を高める努力をしているという点です。

そして、自分自身の技術や知識に過信がなく、仕事の出来を再確認することを決して怠りません。職人たるものアマチュアではなく、プロフェッショナルであるという意識を持たなければならないのです。

そして、一流の職人を目指すのであれば、自分には厳しく、周りの職人に対しては寛容でなければなりません。何度もいいますが、周りの職人も自分自身も、すべてが完璧にできるわけではないのです。

ですから、一緒に仕事をしている職人にあまり強く完璧な仕事を求めてはならないし、自分ができない部分をフォローしてもらうことがあってもいいのです。

職人にとって、技術を高めるために仕事の完璧さを追求するという心構えは大切なことです。その心構えがなければ、腕のよい一流の職人になることはできないでしょう。しかし、仕事の完璧さを追求することと同時に、仕事に１００％完璧はないという自覚を持つことが大切なのです。

チームワークの重要性

よいチームや会社というのは、必ずといっていいほどコミュニケーションがよく取れています。そして、チームワークも優れています。現場で働く職人一人ひとりが自分の仕事を確実にこなし、他の職人の仕事もお互いにしっかりとフォローしています。ここでは、職人同士のチームワークについて取り上げてみたいと思います。

チームワークをひと言で説明すると、「目標に向かって一致団結する」ということになります。左官の仕事においても、チームワークはとても重要です。

たとえば、コンクリートの床を仕上げる工事がありますが、夏場に1000㎡を超えるような大きな面積を仕上げることがあります。このような仕事のときには、チームワークで作業する必要があります。

まず、コンクリートをトンボという道具を使って水平に均していきます。その後にタンピング（コンクリートの表面を叩いてセメントのアマを浮かせ、砂利を沈める作業）をします。続いて、アルミ定規で平滑に均《なら》し、ある程度の固まり具合を見てトロウエルという機械で円盤と金鏝をあてます。最後に、左官職人が金鏝を均一に通して仕上げます。

この一連の流れを、5～10人程度の職人で行なうのですが、一人ひとりの左官職人が最大限の能力と体力を使い、お互いにコミュニケーションを取りながらチームワークで作業を進めなければなりません。

夏場のコンクリート仕上げは暑さや時間との闘いで、非常に過酷な作業です。仕上げのタイミングを外すと、作業がかなりたいへんになります。表面が平滑になる前に硬化してしまうからです。こうなると取り返しがつきません。失敗は許されない仕事なのです。一発勝負、かつ真剣勝負です。

私も、自分が現場に出ているときに何度となくコンクリートの仕上工事を行ないましたが、チームワークのよいグループで仕上げると、隅から隅まできれいに仕上げることができます。そして、なぜか人数が少なくてもそれほど疲れないのです。

しかし、同じ作業をコミュニケーションが取れていない、チームワークの悪いグループで行なった場合は本当にたいへんです。お互いがお互いの足を引っ張っているのではないかと感じることすらありました。チームワークの悪いグループだと、人数が多くてもきれいに仕上げられないうえに、肉体的、精神的にかなり疲れるのです。

このような現象がなぜ起きるのかを考えてみたところ、チームワークで仕事をすると、ある効果が発揮されていることに気がつきました。コンクリート仕上げの仕事では、チームワークのよいグループのときには一人ひとりの左官職人の能力を足した総和の仕事ではなく、それ以上の力を発揮していたのです。

つまり、「1＋1＝2」ではなく、「1＋1＝3」、「1＋1＝4」、もしくはそれ以上の効果を発揮していたのです。

グループ全員が、コンクリートを効率的にきれいに仕上げるという目的を持ち、力を合わせたからこそ、「1＋1」が「2」ではなく「3」以上になったのです。この現象のことを相乗効果（シナジー）といいます。

これはチームワークのなせる技であり、仕事におけるチームワークが重要である最も大きな理由です。チームワークにより、相乗効果（シナジー）が発揮されることがわかりましたが、その相乗効果を常に現場で発揮してもらうためには、どのようなことが必要でしょうか？ 相乗効果を発揮するために必要なことは、チーム内の職人一人ひとりのコミュニケーションをよくすることです。次は、職人同士のコミュニケーションについて考えてみましょう。

職人同士のコミュニケーション

職人は平均的に見て、コミュニケーション能力が低い人が多いようです。これはもともと、人とのコミュニケーションを取るのが苦手という人が職人の道に入ってくるという理由だけでなく、毎日の仕事のやり方に問題があるのではないかとも考えられます。

職人は、黙々と目の前の仕事に取り組むのがよいことである思いこんでいるため、他の人とのコミュニケーションを積極的には取ろうとしません。そのことが習慣化され、コミュニケーションが取れなくなっているのではないかと考えられます。

ダーウィンの進化論ではありませんが、使わない能力はなくなってしまう、つまり職人は積極的にコミュニケーションを取ろうとしないため、コミュニケーション能力が退化してしまっているといえるのです。

しかし、仕事をしていくうえでコミュニケーション能力は不可欠で、コミュニケーションが積極的に取れるようにしなければなりません。これは、職人個々人のコミュニケーション能力の高さは、現場でのチームワークと密接な関係があり、現場での機動力に影響を与えるからです。

職人同士のコミュニケーションが取れているのと取れていないのとでは、会社の業績も大きく違ってきます。現場で行なう仕事は、1人でできるものは限られています。多くの仕事は、

1人ではなく組織やチームで行なわれます。職人の仕事にはチームワークが重要であり、最高のチームワークで仕事をするためには、職人一人ひとりのコミュニケーション能力にかかっているのです。

たとえば営業マンであれば、お客様とうまくコミュニケーションを取らなくては仕事を受注することができません。当然、職人もお客様とコミュニケーションをうまく取らなくてはなりませんが、その第一歩として、自分の周りの職人とコミュニケーションを取れるようにすることが大切です。

それでは、職人同士のコミュニケーションをどのようにして高めていくかを考えてみましょう。職人同士のコミュニケーション能力を高めるには、次の3つが挙げられます。

①年齢差のある職人同士を組ませる
②組ませるメンバーを定期的に変える
③朝礼への参加と朝礼での発言の場を設ける

①年齢差のある職人同士を組ませることで、若手職人の持っている能力とベテラン職人が持っている能力の相乗効果を得ることができます。お互いに教え合うこと、教わり合うことで、お互いを尊重することができるようになるという効果もあります。

若い職人は、ベテラン職人がどのように技術を習得してきたのかを聞くことにより、技術の習得速度を上げることができます。ベテラン職人は、若い職人から若い世代の情報を得ることにより、いつまでも若くいることができます。
②組ませるメンバーを定期的に変えるというのは、定期的にローテーションさせるということです。長く同じメンバーで仕事をしていると、どうしてもマンネリ化してしまいます。このマンネリ化を防ぐために、定期的に仕事をする面子を変えることが必要になります。
一見すると非効率のように感じますが、職人の仕事のやり方にはそれぞれ違うやり方があり、たくさんの職人の仕事のやり方を見るという点でも、よい効果があります。また、現場に緊張感も生まれます。
③朝礼への参加と朝礼での発言の場を設けるために、私の会社では、毎朝朝礼を行なっています。とはいっても、数年前までは朝礼を行なっていませんでした。朝礼を行なう以前は、職人同士で朝軽く挨拶をするだけで現場に向かってしまうため、ほとんどコミュニケーションを取る機会がありません。
まして、一人ひとりの意見を聞ける場面もありません。ですから、朝礼の場で一人ひとりの職人に意見を発言する場を設けました。それから徐々に、職人同士のコミュニケーションが取れるようになりました。

これらの他にも、職人同士のコミュニケーションが取れるような仕組みを考えることが経営者の仕事であり、それによって、現場での仕事をスムーズに進行させてよい結果につなげることができるのです。

技術のベテラン職人・情報の若手職人

30年以上同じ仕事を続けているベテラン職人の技術というのは、本当にすばらしいものです。その技術は一流であり、極められたものです。その一流の技術を、その人だけのもので終わらせてしまうのは、実にもったいないと思います。その技術は、若い職人に継承していくべきものです。

職人を使い技術を売りにしている会社には、腕のよいベテラン職人が何人かいると思います。新人職人の教育は、そのベテラン職人に任せたほうが効果的です。しかし、ベテラン職人は、新人職人の教育に抵抗がある人が多いようです。

というよりも、新人職人の育成が好きで得意という職人はあまりいないと思います。では、なぜベテラン職人に新人職人の教育をお願いするのかについて考えてみましょう。実は二つのメリットがあるのです。

メリットのひとつ目は、ベテラン職人が若手職人に技術を教える、若手職人がベテラン職人に、コンピュータや生活に役立つ最新の情報を教える、といったようにお互いの得意な部分を教え合うことにより、不得意な部分を補完し合えるという点です。

二つ目は、ベテラン職人は若者の感覚が理解できること、新人職人は同年代の価値観だけでなく幅広い価値観が持てること、またベテラン職人と仕事をすることにより、よい仕事観や人生観が培われるという点があります。

ひとつ目のメリットでは、携帯電話やデジカメの操作、コンピュータやインターネットの活用の仕方については、若手職人のほうが情報や知識が豊富です。私自身も、若い職人に恥も外聞もなく教わることがあります。説明書などを読むよりも、実際に操作をしながら教わったほうが、わかりやすくて手っとり早いからです。

「聞くは一時の恥、聞かぬは一生の恥」と考えると、聞いたほうが断然得なのです。同時に、若手職人とのコミュニケーションも取れ、若手職人にも自分が人の役に立っているのだという充実感が生まれます。

逆に、ベテラン職人は仕事に関する豊富な知識と卓越した技術を懇切丁寧に教えてあげるのです。この組み合わせがうまくいくと、相乗効果を発揮して作業効率も大きく上がります。

メリットの二つ目についていえば、自分の息子ほど年齢の離れた新人職人の中には、真面目で素直な人もいますが、そういった新人職人は稀で、自分自身の若かった頃のように生意気で人の話を聞かない、一般的な常識もわからない、できの悪い新人がほとんどです。少しいい過ぎかもしれませんが、実際にそうなのです。

しかし、そういう若者を一人前の職人に育て上げるのがベテラン職人の役目であり、やりがいでもあるわけです。育成される側の新人職人も、ベテラン職人にときには厳しく叱られ、ときにはほめられながら成長していくのです。

一方、教える側のベテラン職人も、生意気でいうことを聞かない新人職人から反発や抵抗されることがあるかもしれませんが、どうやったらやる気にさせることができるのかを考えることにより、お互いに成長できるよい循環が会社の中に構築できます。

ベテラン職人が新人職人を育てる仕組み

ベテラン職人が新人職人を育てる仕組みには二つのメリットがあると述べましたが、必ずしもよいことばかりではありません。「職人の常識は間違いだらけ」のところでも述べたように、ベテラン職人から若手職人にはよい部分も伝わりますが、悪い部分についてもベテラン職人から若手職人に伝わってしまいます。

先ほど少し触れましたが、ベテラン職人が若手職人を育てる仕組みというのは、親が子供をしつける・親が子供を教育することと非常に似ています。

「親の背中を見て子は育つ」「子は親の鏡」という言葉があるように、「ベテラン職人の背中を見て若手職人も育つ」「若手職人は、ベテラン職人の鏡」なのです。毎日、現場で一緒に仕事をするということは、新人職人はベテラン職人のよいところも悪いところもすべて真似をするということです。

私も現場で仕事をしていたときは、ベテランの職人に仕事を教わり技術を上げる努力をしました。仕事に関することの他に、私生活のことも何でもベテランの職人に聞きました。本当に多くのことを教わり、能力を高めることができました。しかしその反面、ベテラン職人の悪い部分も同時に身についてしまったことも否めません。

たとえば、天候が悪いと仕事のやる気がなくなってしまい、現場を休んでパチンコ屋に行ってしまうとか、自分勝手な判断をしてしまうことがありました。現場でのマナーの悪さやお客様に対する無愛想な対応等もあったように感じます。

経営者となった今では、その頃の経験を活かし、悪い部分は経営者自身が改め、ベテラン職人から率先して改めるように指導をしています。まず、自分たちが模範となって改善していくことを心がけ、新人職人の育成に取り組むようにしています。

若手職人を、どこに出しても恥ずかしくない職人にするためには、指導育成する立場の経営者やベテラン職人が考え方を改めなければなりません。経営者自身が勉強をして学んだことをベテラン職人に教え、新人職人を育成できる人材に育て上げることが重要です。

ベテラン職人が新人職人を育成する仕組みを作るためには、経営者が真摯に学ぶ姿勢を見せて、先輩であるベテラン職人が本気で学ぶ姿勢を見せるのが一番です。経営者自身が、いっていることとやっていることが違うようではベテラン職人も経営者と同じようになり、そのベテラン職人に指導を受ける新人職人も同じようになります。まさに、子は親の鏡であり、経営者の考え方が、そのままその会社に映し出されるのです。

朝礼で職人のモチベーションを上げる

仕事は、段取り八分というぐらいですから、仕事に取りかかる前の準備が大切です。前日の準備と当日の朝の準備が現場の流れを左右します。

ですから、職人の朝は早いに越したことはありませんが、ただ単に朝の出社が早いだけでは不十分で、朝礼の時間を設けることが重要です。私の会社で行なっている、職人同士が行なう朝礼には3つの効果があります。

①職人同士のコミュニケーションが図れる——職人同士のコミュニケーションのところでも述べましたが、当社の朝礼では、全員に毎朝意見を発表してもらっています。発表の内容は、現場で注意すべき点や問題になっていること、前日に気づきがあったこと、前日の出来事で感謝していること等を全員の前で順番に発表をしてもらいます。毎朝、自分自身が発表をしなくてはならないため、考える習慣が身につきます。朝礼のツールとして『13の徳目』という冊子を使っています。

②仕事の効率を上げる効果がある——毎朝、全員揃って朝礼を行なうため、短時間で情報の共有化ができます。以前は一人ひとりに同じことを何度もいっていたのが、毎朝1回で全員に話をすることができるようになりました。朝礼の場で他の現場の進捗状況、各現場で何が必

要なのか、何が余っているのかを把握することができるので無駄を省くことができ、人員の配置や段取りができて効率よく仕事ができます。

③現場での事故を予防することができる――どんな仕事であっても、事故が発生するリスクは必ずあります。社内や各現場に安全第一の掲示をしたり書面で通知をすることも大切ですが、一番の予防策は毎朝、現場に向かう前にどんな危険があるのかを考えてもらうこと（KY活動）や口頭で安全に作業をするように伝えることなのです。

どんなに注意をしても、事故が発生するリスクはなくすことはできませんが、毎朝、安全について考え再確認することによって、限りなく事故を減らすことができます。

朝礼には、以上のような効果があります。朝礼をどのようにやるかは、各会社で考えればいいと思いますが、とにかく朝礼をはじめてみることです。

そして、出社をする際には元気な挨拶をすることが大切です。あなたの気分があまりよくなくても、元気に挨拶をすれば周りの人のモチベーションは上がります。

逆に、元気に挨拶をされればあなたのモチベーションも上がります。そんなことは当たり前だという人がいるかもしれませんが、ほとんどの会社で実践できていないのが現状です。元気に挨拶することで、さわやかな気持ちで仕事をすることができます。

職人は、腕がよくても売らなければ売れない

私が、職人になるために現場で毎日仕事をしていた頃は、一流の職人になりたい、腕のよい職人になりたいと常に思っていました。腕のよい職人になればお金も稼げるし、仕事の受注にも困ることはないと思っていたからです。

しかし、実際に職人になって仕事をしていると、必ずしも腕のよい職人が利益を上げて仕事を忙しくやっているかというと、そうではないことに気づきました。

たしかに、仕事の量が多かった時代にはよかったかもしれませんが、現在のように仕事の量が減ってきてからは、腕よりも営業力やＰＲ力のある職人や会社のほうが成果を出しているようです。

これは職人に限ったことではなく、商品にもあてはまることではないでしょうか。腕のよい職人＝よい商品だとすると、必ずしもよいから売れるということではないようです。

職人は腕がよくなくてもいいとか、商品が悪くてもいいということではなく、ＰＲの仕方や売り方に問題があり、研究をしていかなければならないということです。

あなたの会社に腕のよい職人、もしくはよい商品があるとしましょう。しかし、そのことが、買い手であるお客様に知られていなくては売れません。世の中には、明らかにこちらのほ

うがよい商品や技術があるのに、商品や技術力が劣っている他社のほうが売れていて忙しいということがあります。

そのような会社は営業力やＰＲ力があり、売り方が上手なのです。その点、とくに職人は自分の腕（技術）を売り込むのが下手な人が多いようです。この部分を考えると、非常にもったいないと思います。

やはり、技術や商品に頼るだけではなく、どうやったら売れるのかを研究したり学ぶ必要があるのです。職人の場合は、技術を身につけることと同時に、その技術を売るための営業の技術を身につけることが重要なのです。

6章

卓越した技術が職人の強み

現場が職人の舞台で営業の場

職人は、現場で卓越した技術を使ってよい仕事をしなければなりません。たとえば、町の中で仕事をしていると近隣の家の方が、職人が仕事をしている姿を見ています。職人の育成ができていない会社の職人が仕事をしている姿を見た場合、どのようなことが起こるでしょうか。

リフォームの現場を例に考えてみましょう。

まず朝は、会社への集合時間は遅く、音のうるさい違法改造の車などで現場に来ます（周りの迷惑は考えない）。現場の駐車スペースがあるにもかかわらず路上駐車をする。くわえタバコで打ち合わせをし、たばこは投げ捨てる。いつまでも無駄話をしていて、なかなか作業をはじめない。作業する場所は整理整頓されておらず、ゴミ（空き缶やたばこの吸い殻等）が散乱している。作業がはじまったと思ったらすぐに休憩時間に入り、休憩時間には携帯電話でメールをしたりマンガを読んでいる。

お昼休みは、弁当くずは作業場のコンテナに捨ててしまう。車のエンジンをかけ、ダッシュボードに足を乗せて昼寝をしている。昼休みが終わってもなかなか作業をはじめない。そして夕方になると、現場の片付けもせず他人よりも早く帰ってしまう。

こんな職人がいる会社に仕事がくるものか！　と思うほどですが、実際にそんな会社もあるのです。試しに、近くにリフォームの現場などがあれば覗いてみてください。あなたは、自分の会社はそのような会社ではないと断言できますか？　職人を使う会社の経営者は、何度もいいますが、こまめに現場に足を運んでみてください。

お客様や近隣の人は、本当によく現場の状態と現場で仕事をしている職人の姿を見ています。いくら、ホームページやチラシできれいごとを謳って営業マンが愛想よく振る舞っても、現場を見られればすぐにメッキが剥がれてしまいます。

では、どうすればいいのでしょうか。現場は、職人の舞台（ステージ）であり営業の場でもある、という意識を職人自身に持ってもらえばいいのです。先ほど述べた、職人育成のできていない会社と逆のことをすればいいのです。

朝は、定時よりも早めに出社し、会社や会社の近隣を掃除し、朝礼を行なって全員のモチベーションを高めてから現場に向ってもらいます。現場では、現場のルールをしっかり守って作業を行なうようにしてもらいます。作業中はもちろん、作業終了時には現場を整理整頓してから会社に戻るようにするのです。

前述のような悪い事例もよく見られますが、逆のよい部分もお客様や近隣に住んでいる方はよく見ています。どちらも口コミとして広がるため、その後の仕事の受注に少なからず影響が出ることはおわかりいただけることと思います。

仕事の評価はお客様がしてくれる

今現在、仕事が忙しく利益が上がっている会社と仕事がなくて利益が上がらず厳しい会社の違いはどこにあるのでしょうか。

細かく考えるとさまざまな要因があると思いますが、その会社や職人が毎日行なっている仕事に対するお客様の評価が、今の状態を作っているのです。毎日よい仕事をしてお客様の評価が高い会社や職人はよい仕事をすると口コミで広がり、次から次に仕事が受注できるのです。

広告宣伝費や販売促進費などをかけなくても仕事が受注できるため、当然利益を上げることもできます。よい仕事を継続することにより、お客様が満足して高い評価をしてくれます。だからさらによい循環になっていきます。

もう一方の悪い循環になっている会社は、よい仕事をしていないのです。お客様の中には、仕上がりに問題があって不満があったとしても、直接職人にクレームをいう人はあまり多くはいないようです。職人は、態度や身なり等から怖いというイメージがあるため、そのような結果になるのではないかと思います。

ですから、お客様がその場で不満をいわなかったからといって、二度とその職人や会社に仕事は依頼することはないし、悪い評判を友人や知人、近隣の人たちに口コミで広めます。

こうして、その職人や会社には仕事が来なくなってしまうのです。先ほどとは逆の悪い循環になります。営業が、いくら営業しても受注はゼロ、仕事が受注できないので広告宣伝費や販売促進費も他社の何倍もかかり、利益を上げることができなくなってしまうのです。

さらに、仕事に対する費用がかけられなくなるので、よい仕事ができるわけがありません。その結果、悪い仕事の継続になってしまうため、悪い評判がどんどん広がっていきます。

そして最終的には倒産したり、職人であれば別の仕事を探すしかなくなってしまうのです。職人がやった仕事が、よい仕事か悪い仕事かという評価はお客様がしてくれるのです。

技術を徹底的に仕込んで自信を持たせる

今の若い職人は、なかなか自分の仕事に自信が持てないようです。この現象は、職人だけに当てはまるものではなく、今の若い人全体の傾向といってもいいでしょう。なぜ自信が持てないのかという理由を考えてみると、二つの理由が考えられます。

①苦労や努力をあまりしていない――あまり自分を追いつめるということをしていない。

苦労や努力が足りない、たいへんなことは後回しにして避けることを繰り返しているからではないでしょうか。若いうちの苦労は買ってでもしろ、という言葉がありますが、この言葉は職人になろうとしている人にはぴったりの言葉かもしれません。

若いうちは、どんどん困難なことにチャレンジしなければなりません。一度に難しい仕事はできるようにはなるわけではありませんが、自分には難しいと感じる仕事に、積極的に取り組む習慣を身につけることが大切です。何度も何度も挑戦することで、技術は少しずつ向上し、必ずできるようになります。

日本電産の永守社長も、「すぐやる、必ずやる、できるまでやる」といっていますが、最後の部分、「できるまでやる」ことが自己信頼＝自信につながるのです。私も新人職人の頃は、技術を磨くために夜遅くまで現場で作業をしました。資格試験に合格するために、眠いのを我慢して夜遅くまで技術を磨きました。そのような苦労と努力の積み重ねで、少しずつ能力と技術を高めていって先輩職人やお客様に認めてもらうことで自信につなげていきました。人が嫌がる仕事やたいへんだと思うことにも積極的に取り組んで苦労と努力をしました。

自信とは、ここ一番という場面では自分が一番頼りになる、と自分自身が感じることではないでしょうか。

②自分の仕事を他人任せにしている――責任感がない人には、自信は一生つきません。

①でも述べましたが、自信というのは、ここ一番というときに自分自身が最も頼りになる、と感じられることなのです。自分の仕事を他人任せにするようでは、いつまでたっても自信はつきません。

私も新人職人の頃、自分が現場で仕事をしているとき、仕上げに自信がないので最後の仕上げを先輩職人にお願いしたことがたびたびありました。自分が任されている現場なのに、自信がないから他人任せにしていたのです。そんなことを何回も繰り返していたので、いっこうに自信がつきませんでした。肝心なときに自分が頼りにならず、先輩職人の技術を頼りにしていたのです。

その結果、責任もその先輩職人に押しつけていました。まず、今やっている仕事は自分の責任で仕上げるのだという考え方を持つことが必要です。そして、自分が任された以上、納得のいく仕上がりができるように、できるまで努力をすることが大切です。

職人で現在、自分はなぜ自信が持てないのだろうと感じている人は、この二つの理由がないかを考えてみてください。

もし、あなたの会社に自信の持てない新人職人がいる場合には、安易に手を貸して仕上げてしまうよりも、本人ができるまで努力をさせることが大切です。ときには、苦労をしている姿を影から見守ることも必要なのです。

資格試験は必ず受ける

左官職人の世界にも、資格試験というものがあります。学校を卒業してから新人職人として仕事をはじめた場合、2年間の実務経験があれば、2級左官技能士の資格試験を受験することができます。

資格試験を受験するためには、まず4月中旬ぐらいまでに専用申込用紙で申し込みをします。7月上旬に1次試験の実技があり、実技試験に合格した後、10月上旬に2次試験である学科を受験することができるのです。実技と学科の両方に合格して、はじめて2級左官技能士になれるのです。

左官の資格試験は難しいのか？　それともやさしいのか？　という質問に対して、私はたいへん難しい試験です、と答えます。なぜなら、普通の人が受けてもほとんど受からないからです。1次試験の実技は午前中2時間10分＋30分と午後2時間10分、合計4時間50分で、与えられた課題を左官の技術を用いて仕上げなければならないのです。

当社の職人でも、この課題を4月から3ヶ月間、仕事が終わってからの時間を利用して、しっかりと練習をしてから試験に挑んでいます。技術的なレベルも必要ですが、決められた時間内に仕上げなければならないというのが難しいのです。

仕上げの精度（図面と同じようにできているか）と、一つひとつの工程の時間配分を考えなければなりません。仕上精度にこだわり、ひとつの工程に時間をかけ過ぎると最後の工程まで辿りつくことができません。どんなに精度がよくても、最後まで仕上がらなければＮＧです。

時間内に、ある程度の精度で課題を完成させて実技の試験に受かったとしても、職人にとって本当の難関は学科試験なのです。技術面は、ふだんから現場でやっていることなので、ある程度のレベルに達していますが、ほとんど本を読まず、机に座って勉強するのが嫌いというのでは、学科試験で落とされてしまいます。当社でも過去に数名、学科で不合格になった職人がいます（学科は不合格でも、次の年に学科試験のみを受けることができる。1年間は実技試験免除）。

学科試験に合格し、晴れて2級左官技能士の資格試験に合格すると、その後3年間の実務経験の後、1級左官技能士の受験資格が与えられます。1級は、2級の課題よりも数段難しい課題を、2級と同じ時間で仕上げなければなりません。そして、2級と同じように実技試験合格後、学科試験に合格して1級左官技能士の資格が与えられます。

1級左官技能士になるためには、新人職人になってから最短でも5年を要するのです。

では、なぜこの資格試験を受験しなければならないのでしょうか？　答えは2つ挙げられます。

①試験合格を目指して日々練習することにより、技術レベルが急速に向上する

②自分の技術がどのレベルにあるか、という判断基準になる

一級左官技能士の実技課題練習の様子

資格試験を受けている人と受けていない人とでは、明らかに技術レベルが違います。左官の場合は、美容師や調理師のように資格がないと施工ができないというわけではないため、資格を持っていない人や受験をさせない会社の経営者は、資格なんて持っていても仕方がないといいます。

しかし、私たちは左官のプロなのですから、資格試験を受験をして当然だと思います。何より、資格試験を受験することにより技術レベルが上がり、職人としての自信がつくので一人前の職人を目指すのであれば、資格試験は積極的に受けるべきです。

職人は技術とサービスでお客様の心をつかめ

自分が丁寧に仕上げた仕事を見て、お客様が喜んでくれる。感動してくれる。感謝してくれる。そのような状態が、職人冥利に尽きるということではないでしょうか。

ミュージシャンであれば、自分が奏でた音楽で人に喜んでもらい感動させることに生きがいを感じ、画家や陶芸家であれば、自分の作品で人を感動させることができます。板前であれば、料理の見栄えや味で人を感動させることができます。

そして、職人は身につけた技術を駆使して人を感動させることができるのです。職人が身につけた技術は本来、お客様を喜ばせ感動させるものでなければなりません。

左官屋は、お客様が毎日快適に生活できる住空間を作るために壁を塗り、床を仕上げます。私はこの仕事に携わるようになって以来、かれこれ20年になりますが、左官というのは奥が深く、難しい仕事だと感じています。自分が手がけた仕事で、自分自身が本当によくできたと思える仕事は、ほんの数える程度しかなく、未だに自分の技術は未熟であると感じています。

しかし、毎日一所懸命に壁や床を仕上げてお客様に喜んでもらいたい、感動していただきたいと考えながら仕事をしています。お客様に喜んでもらうためには、お客様が何を求めているのかを的確に把握しなければなりません。

われわれに仕事を依頼してくれるお客様は、私たちに何かを期待しています。それが、技術的なものかサービス的なものかはわかりませんが、必ず期待をしているのです。その期待に応えて満足していただければお客様に喜んでもらうことができ、その仕事が期待をはるかに超えるようなものであれば、お客様は感動してくれます。

逆に、期待を下回ったり、期待と違うものを提供した場合にはクレームが発生します。クレームはあってはならないとか、嫌なものと感じる人が多いと思いますが、クレームはお客様が私たちに対して何を期待しているのかを教えてくれる、たいへんありがたいものなのです。

左官の仕事で考えた場合には、仕上がりがよくない、汚れたりキズがある等の技術的なものに対するクレームと、職人の対応が無愛想だとか約束の時間に打ち合わせに来ない、仕事に対する説明が不明確など、サービス面に対するクレームがあります。

どちらも、お客様の期待に応えられていないことが原因になっているため、クレームはお客様の私たちに対するアドバイスであると考えることが大切です。お客様のアドバイスを真摯に受け止めて誠実に聞いて対応することで、お客様の期待に応えることができれば、お客様に満足していただけるのです。

さらに、技術面やサービス面でのレベルの向上にもつながります。お客様が何を求めているのかを的確に把握すること、お客様のアドバイスを素直に聞いて対応することによって、職人は技術とサービスでお客様の心をつかむのです。

身につけた技術が自分自身を助けてくれる

ここまで、これからの職人は技術だけでは生き残れないと述べてきましたが、決して技術面を軽視しているわけではありません。やはり、職人にとって技術はなくてはならないものです。とくに、日本という国は技術で発展してきた国であり、日本人は外国人に比べて仕上がりの寸法や精度に敏感な国民です。

最近では、お客様の仕事に対する評価もさらに厳しくなってきています。現場で職人を比較した場合、技術レベルが高い職人のほうが、技術レベルの低い職人に比べてさまざまな面で有利であるということは否定できません。そのため職人である以上、技術レベルを向上させるために修練を積み、知識を高めていかなければなりません。

当然、会社も技術レベルの高い職人を育成するために研修の仕組みを考え、技術レベルを向上させるための環境を整えていかなければなりません。

あるテレビ番組で、新人職人を技術レベルの低い状態のまま現場に出すのではなく、社内で徹底的に技術と知識を習得させてから現場に出すという会社の研修風景が放映されていました。

見ていて気がついたのは、技術レベルの低い職人を現場に出して仕事をさせて大きな失敗をするよりも、どうやったら効率的に技術や知識を習得できるかを考え、先に技術や知識を徹底的に叩き込んでから現場に出したほうがよいのではないかということです。

これまでの職人育成の仕組みでは、技術レベルの低い職人も現場に出して作業をさせていました。これは、技術レベルの低い職人が仕上げたもの＝不完全なものも、お客様に提供していたということです。会社側の都合とすれば、新人職人であっても給料は支払わなくてはなりませんから、現場で利益を上げてもらわなければなりません。

しかし、お客様からすれば同じ金額を払うのであれば、腕のいいベテラン職人に仕上げてもらいたいというのが本音だと思います。

お客様にとって、住宅はこれ以上ないほどの大きな買い物です。新人職人を育成するための練習材料にはされたくないし、少なくともある一定の技術レベルに達している職人に仕上げてもらわなければ納得がいかないのではないでしょうか。

お客様のことを真剣に考えるのであれば、会社側の都合ではなく、技能研修や知識に関する教育訓練をしっかりと行なってから新人職人を現場に出すのが望ましいのでしょう。

会社としても、技術を売りにしているのであれば、新人職人の技能研修・教育訓練の仕組みを構築したほうがいいでしょう。

とにかく、職人にとって技術は要であり、職人は身につけた技術を活かしてお客様の要望に応えることができ、身につけた技術によって職人自身が活かされることになるのです。

創意工夫する職人を育てる

職人の仕事は上手くて、速くて、安くなければなりません。仕事のできる腕のよい職人が手がけた仕事は、仕上がりが本当にきれいです。

そして、一つひとつの作業に無駄がなく、仕事のスピードが驚くほど速いのです。きれいで速く仕上げることができるということは、余分なコストや時間がかからないので結果的に安くできるのです。

逆に、仕事のできない腕の悪い職人の仕事は、仕上がりは下手で一つひとつの作業に無駄が多く、仕事のスピードは驚くほど遅い……仕上りが悪くて周りを汚して時間もコストもかかるため、結果的には価格は高くなってしまいます。

では、どのようにすれば、仕事のできる腕のよい職人を育成することができるのでしょうか。まず、仕事のできる腕のよい職人と仕事のできない腕の悪い職人の違いは、どういったところでしょうか。

仕事のできる腕のよい職人は、どうやったらよりきれいに仕上げられるかということを常に考えています。そして、どのようにしたらより速く仕上げることができるか、無駄なところがないかということも考えています。仕事に対して真剣に取り組みながら創意工夫し、考える習慣があるのです。

もう一方の仕事のできない腕の悪い職人は、早く5時にならないかなとか、仕事が終わったらどこのパチンコ屋に行こうかなとか、今日はどこに飲みに行こうかな等、仕事に関係のないことばかりを考えています。

そのため、仕事に対して真剣に考えることがなく作業をしています。このように何も考えず、ただ漠然と作業をしていたのでは、いつまでたっても腕は上がりません。

要するに、仕事のできる腕のよい職人と仕事のできない腕の悪い職人の違いは、考える習慣があるかないか、ということです。したがって、職人に考える習慣を身につけてもらうことができれば、仕事のできる腕のよい職人に育成することができるのです。

お客様に喜んでもらうためにはどうすればいいのか、仕事の効率を上げるのにはどうすればいいのか、どのようにすればきれいに仕上げることができるか、現場で働く職人に考えてもらいましょう。

もちろん、経営者自身には考える習慣が必要であり、職人に質問するスキルと習慣がなくてはなりません。経営者は、職人に多くの質問をするようにしましょう。

よい仕事をすれば、必ず次の仕事につながる

よい仕事をしなくても、営業活動に力を入れれば、お客様から最初の一回だけは仕事がいただけると思います。

しかし、継続してお客様から仕事をいただくためには、よい仕事をしなければなりません。なおかつ、一時的によい仕事をするのではなく、継続してよい仕事をしなければなりません。手抜き工事をしたり、お客様を欺くような仕事をすると、必ずしっぺ返しがあります。

このことは、テレビや新聞のニュースを見ていればおわかりいただけると思いますが、どんなに大きな優良企業であっても、お客様を騙してお客様を敵に回すと、あっという間に倒産に追いやられてしまいます。

しかし、理屈ではわかっていても、よい仕事を継続していくにはたいへんな努力が必要です。企業でも個人でも同じですが、よいことを続けるのは実に難しいのです。よい仕事を続けるというのは、よい習慣を身につけることと同じであり、将来必ずよい結果をもたらしてくれます。

ですから、職人を使う会社の経営者は仕事の量を増やすことも大事ですが、仕事の質を高めることを考えなくてはなりません。

私の会社には、「愉快に働く十か条」というものを掲示しています。〝製紙王〟といわれた藤原銀次郎さんの言葉で、以下のようなものです。

第一条　仕事を必ず自分のものにせよ
第二条　仕事を自分の学問にせよ
第三条　仕事を自分の趣味にせよ
第四条　卒業証書はなきものと思え
第五条　月給の額を忘れろ
第六条　仕事に使われても人に使われるな
第七条　時々、必ず、大息を抜け
第八条　先輩の言行を学ぶ
第九条　新しい発見、発明に努めよ
第十条　仕事の報酬は仕事である

職人である以上、その道のプロでなくてはなりませんから、仕事は必ず自分のものにしなければなりません。仕事を通して多くのことを学び、自分の人生を充実させるためには、仕事は趣味のようなものでなければなりません。職人は、理想をいえば生涯現役で仕事ができれば最高の喜びであり、職人の仕事は自分が納得のいくまでやり抜くことである。よい仕事をすれば、利益は後からついてくる。あくまでも自主的に仕事に取り組み、謙虚に先輩職人から学ぶ姿勢が大切である。そして常に、創意工夫をして新しい発見や発明に努める必要があります。最後に大きな仕事をやり終えた後はゆっくり休むことも、職人らしい生き方といえます。

私が、この「愉快に働く十か条」の中で、最も共感を得たものが「第十条　仕事の報酬は仕事である」です。これはつまり、お客様のことを考えて一所懸命によい仕事をしていけば、その報酬としてまたやりがいのある仕事が与えられるということです。

7章

職人に経営感覚を持たせる

現場が終われば、事務所でデスクワーク

職人は、現場で仕事をすることには長けていますが、デスクワークはとにかく苦手で、コンピュータなどは触るのも嫌という人が多いようです。

しかし、現場の仕事が終わったからといって、その日の仕事が終わるわけではありません。現場の仕事が終わって会社に戻ったら、きちんと1日の作業内容を作業日報にまとめなければなりません。

私が現場で職人をしていたときは、当社では職人の作業日報は現場から帰ってきた職人から現場の作業状況を聞き取り、すべて私がまとめていました。

なぜかというと、私自身が「職人はデスクワークが嫌いだ」と考えていたからです。しかし、よく考えてみればおかしな話です。

一人ひとりの職人がまとめるべき各現場の報告を、なぜ私がまとめなければならないのか。各自が作業日報をまとめれば、時間も短縮できて効率的ではないかと思い、作業日報の用紙を作って一人ひとりの職人に作業日報をまとめてもらうようにしました。

最初のうちは、今まで作業日報をまとめていなかったのに、なぜまとめなければならないのかと文句をいう職人もいましたが、徐々に各自で作業日報がまとめられるようになりました。

その後、作業日報を集計して月次集計表にまとめる作業もお願いしました。すると、比較的スムーズに月次集計表ができ上がったのです。よく考えてみると、職人はデスクワークが嫌いなのではなく、私が「職人はデスクワークが嫌いでやらない」という固定観念を持っていただけなのです。

やがて時代が変わり、以前は紙でまとめていた書類もコンピュータで整理されるようになりました。当社でも、現在では職人がコンピュータで作業日報をまとめています。現場で必要な書類や図面なども、今までは郵送もしくはファックスで送られていたものが、最近ではeメールで送られてくることが多くなりました。

工事現場の確認写真も携帯電話で送れる時代です。前項で話したように、職人は現場の作業だけでなく、コンピュータを使いこなして現場作業の効率化を図る時代になってきたのです。

しかし、このような時代になっても、未だに昔と変わらないやり方をしている会社もまだまだたくさんあります。職人も会社も、時代の変化に対応していかなければ成長発展することはできないし、存在することもできなくなっています。

「できない」という固定観念を、経営者自身が打破することにより職人は変化に対応するのですから、デスクワークでもコンピュータでもやればできるのだと考えなければなりません。そして、何でもできる職人に鍛え上げていかなければならないのです。やらない職人が悪いのではなく、できないと思って指示を出さない会社や経営者に問題があるのです。

数字のわかる職人に育てる

会社の目標（売上目標・利益目標）や現場の目標は、できるだけ具体的に数値化されているとわかりやすくなります。目標が達成できたか否かも、数字を見ればひと目でわかります。

しかし、このように具体的に数値化された目標設定をしている会社は実に少ないといえます。ほとんどの会社では、抽象的であいまいな目標設定になっていることが多いのです。抽象的であいまいな目標設定では、現場で働く社員や職人はどのようにがんばればいいのかがわかりません。

これでは、会社の目標が達成されることは望めないし、業績もよくなるはずがありません。まず、経営者であるあなたが数値化した目標設定を行ない、できるだけ具体的かつ明確に示す必要があります。

経営者の方で会社の経営上の数値がわからないという人は、残念ながら数字のわかる職人を育成することができません。まず、経営者自身が会計及び経営上の数値についてしっかりと勉強する必要があります。それでは、数字のわかる職人を育てるにはどうすればよいのかを考えていきましょう。

ここまで、経営者が打ち出した具体的で数値化された目標を理解して、働く職人を育成していかなければ会社の業績はよくならないと述べてきました。ここでいう数字のわかる職人というのは、ただ単に計算を間違えないとか計算が早いということではなく、経営上の数値を経営者に準じるぐらい理解している職人です。

たとえば、経営者が「売上高が前年よりも○%落ちてしまった」といったとき、その原因が把握できて改善提案することができるとか、「現場Aの利益率は何%」と質問されたときに答えることができるレベルの職人です。

このレベルの職人を育成することができれば、会社の業績は間違いなくよくなります。しかし、このレベルの職人を育成するには、多くの時間と費用がかかります。そして、会社の経営状態をすべてオープンにするといった経営者の覚悟が必要です。

会社の経営状態というのは、決算書を見ればわかるものですが、決算書を職人にオープンにしている会社はほとんどありません。仮にオープンにしたとしても、勉強をしていない職人には理解することができないでしょう。経営者自身が、決算書は職人に見せる必要がないと考えていることもありますが、見せられないような状態になっていることも多々あります。

私も、4~5年前までは決算書を職人には公開していませんでしたが、自社の経営をよくしたいという思いと尊敬する経営者の経営手法を参考に、公開することにしました。実は私も、職人時代にはじめて自社の決算書を見たときには何がなんだかさっぱりわかりませんでした。

しかし、将来経営者になるのに決算書を見ることができないのでは話にならないと考えて、少しずつ勉強し、徐々に決算書の示す数値の意味がわかるようになりました。理解すればするほど、当時の経営状態が悪く、危機的だということに気づき、このままでは倒産してしまうという不安に陥ったことを思い出します。

しかしあのとき、勉強をして数字のわかる職人になっていなければ、私の会社は現在存在していなかったことでしょう。その経験を活かし、私の会社の職人には数字のわかる職人になってもらいたいと思います。

数字のわかる職人というのは、会社に利益をもたらすと同時に、会社の危機的な状況にも素早く対応できる心強い存在です。だから、数字のわかる職人に育てる必要があるのです。

職人同士の社内勉強会

職人＝勉強嫌いというのは昔のことで、これからは勉強をしない職人は生き残っていくことができません。

私の会社でも、現在では職人同士の社内勉強会が月1回以上開催されています。職人同士が話し合って、日時や内容を決めています。単なる職人集団ではなく、徐々にではありますが、自主的に学習する組織に変化してきています。

このような社風になれば、会社も成長発展するのではないでしょうか。勉強というと、誰か先生がいて教わるというような授業形式を思い浮かべますが、一方的に人の話を聞いているというのは退屈なものです。

しかし、私の会社で行なっている職人同士の社内勉強会はちょっと違います。ここでは、お互いが教える側であり、教わる側にもなります。私の会社では、『理念と経営』という月刊誌をみんなで読んで設問表に沿って勉強会を進めるという方法をとっています。

本を読んで感じたことを事前にまとめ、お互いに発表し合ってその後に議論をするようにしています。社員や職人の報告によると、お互いの発表した意見が参考になり、自分自身も発表をすることにより、理解も深まるといっています。

この勉強会は、社員や職人が強制されていると思っていたのではうまくいきません。職人同士で、日時を決めて事前の準備をしっかりと行ない、楽しみながら進めることが大切です。

社内勉強会では基本的に、他の社員や職人の意見や発表を否定することは禁じています。発表する側は本を読んで自分が感じたことを、自信を持って発表すればいいのです。

この勉強会をはじめる以前は、私の中に固定観念があり、職人がこんな勉強会に取り組むわけがないと決めつけていました。

しかし、社内勉強会をはじめて数ヶ月が経過し、職人同士が楽しそうに議論している姿を見て、自分の考えが浅はかで間違っていたことに気づかされました。

本来、職人といわれる人たちは、技術を習得するためには一所懸命に努力をします。勉強会もやり方を教え、やる場を提供すれば自分たちで考え、自分の意見を主張したり発表すること

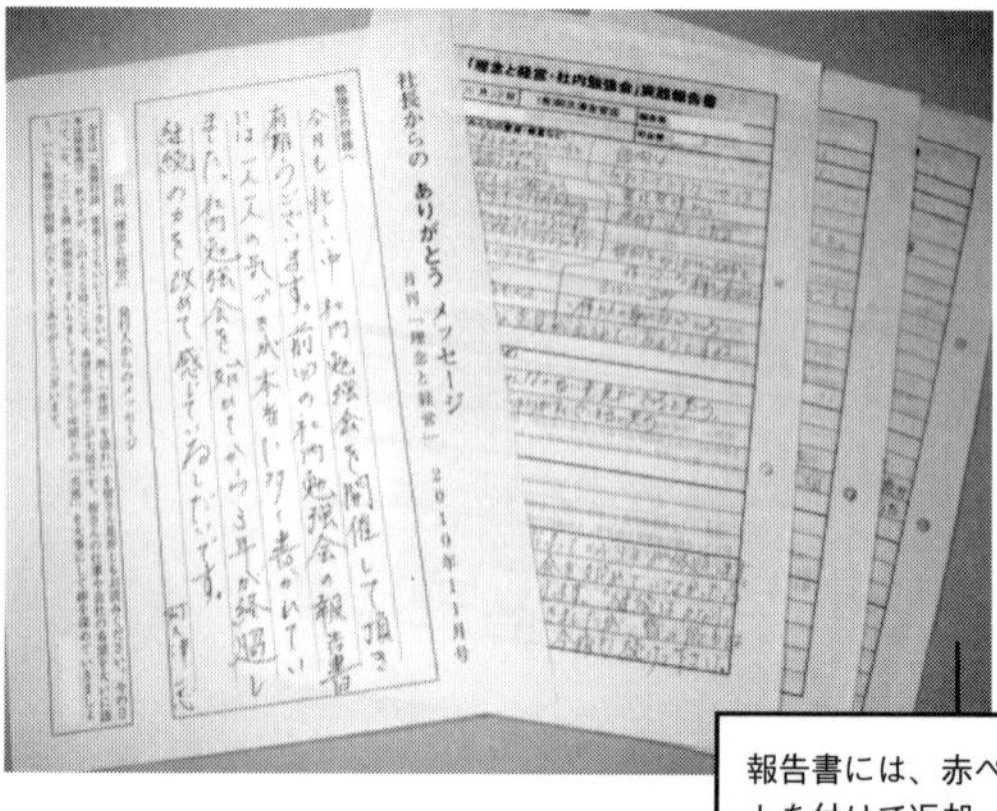

ありがとうメッセージと社内勉強会の報告書

報告書には、赤ペンでコメントを付けて返却

ができるのです。

私の会社では、この勉強会を月1回開催し、そこで出た意見や提案を報告書にまとめて提出してもらいます。そこに、私が赤ペンでコメントをつけて返しています。会社に対する改善提案も提出をしてもらい、仕事の改善に役立てています。

職人同士の社内勉強会をはじめてから3年程度経過した今、みんなで会社をよくしていこうという社風が徐々に出てきたのではないかと感じています。

コスト意識を持った職人に育てる

今日のような不況の時代にも、成長発展を遂げている会社はあります。では、どのような会社が伸びているのでしょうか。それはコスト意識を持った職人がいる会社です。

職人というのは、技術的に優れていることはもちろんですが、お客様を満足させ、それぞれの現場で利益を確実に上げられる職人でなければなりません。コスト意識のある職人がする仕事は効率的で、現場で発生する無駄を極力省いています。だから、一つひとつの現場で利益を出すことができるのです。

職人を使っている会社の経営者は、技術のレベルを上げることと同時にコスト意識を持った職人に育成していくことが大事です。では、どのようにして職人にコスト意識を持たせるのかを考えてみましょう。

まず、コストについて説明したいと思いますが、コストには2種類あります。ひとつは、売上げを上げるために必要なコスト（経費）です。仕事を受注するための広告宣伝費や職人を育成をするための研修費や人材育成費、新商品を開発するための研究開発費、材料を購入するための費用等も含まれます。

もうひとつは、売上げにつながらない不要なコスト（経費）です。たとえば、不良在庫や必要のない土地、非効率的な作業や無駄な打ち合わせ時間等がこちらに含まれます。コスト意識があるというのは、必要なところには経費をかけ、必要でないところの経費は削減するということです。現場で一人ひとりの職人の作業状態を見ていると、コスト意識のない職人は非常に無駄が多いことに気づかされます。

コスト意識のない職人は仕事の効率を考えず、材料も無駄にしています。たとえば材料を運ぶにしても、工夫すれば一回の往復で運べるようなものを何往復もして運んでいます。作業においても無駄や失敗が多く、二度手間、三度手間をかけています。コスト意識のない職人の仕事は当然、多くのコストがかかってしまうため、利益が出せなくなってしまいます。

利益が出ないということは、本来、必要なところにもコストがかけられなくなるため、会社の経営状態はさらに悪化してしまいます。このように業績の悪い会社には、コスト意識のない職人が多く存在しています。

業績が悪く、コスト意識のない職人が多い会社というのは、必ずといっていいほど無駄が多く、だらしない社風になっています。たとえば、倉庫や資材置き場が散らかっていたり、事務所やトイレが汚れていたり、現場が整理整頓されていません。職人にコスト意識を持たせるには、社風の改善が必要です。

社風の改善といっても大げさなことではなく、まず5S（整理・整頓・清掃・清潔・躾）を徹底することからはじめてみましょう。

ひとつ目のSは、整理になります。整理とは、使うものと使わないものを分けることです。常に使用するものは、身近に置いてすぐに使えるようにしておくこと。

たまに使うものは、誰もが使えるように元の位置に戻す。使用しないものは処分する。整理することにより道具や在庫品を探す時間が短縮され、無駄なものを買わなくてすみます。要らないものは処分すれば、空いたスペースが有効に使えます。

二つ目のS整頓とは、誰が見てもすぐわかるようにすることです。たとえば、棚があれば棚の図を作り、どこに何があるのかを表示します。道具名や材料名を書いたボードを掲示したり、車両であれば駐車スペースのどこにどの車両が止まっているかをわかるようにすることです。整頓でも、探す時間の短縮や作業効率を上げることができます。

続いて三つ目のSになりますが、これは清掃です。清掃とは、ゴミを拾い、汚れているところをきれいにすることです。

私たちの仕事でいえば、現場というのはお客様の住宅や庭になります。職場は事務所や倉庫・資材置き場になりますが、ゴミや汚れのないきれいな状態にしておかなければなりません。きれいな状態を保つことにより、安全安心な現場で仕事がやりやすくなるのです。ですから、毎日清掃をきちんと行なう習慣をつけたいものです。

4つ目のSは清潔です。清潔とは、整理・整頓・清掃された状態を維持すること。常に整理・整頓・清掃されていて、改めて指示しなくてもルール化されていて清潔になっていることです。

最後のSは躾になります。躾とは、現場でのルールや規律・法律や安全に関する決まりごと等がしっかりと守れるようにすること、また守られている状態を習慣化することです。

職人は、何よりこの最後のSが難しいのです。人が見ていればできるのですが、目を離すとできない。一時的にはできるが継続的にできない。

5Sを徹底すれば、コスト意識を持った職人を必ず育成することができます。5Sを徹底することにより社風がよくなり、そこで働く職人はその社風に染まります。新たに入ってくる新人職人も、必ずその社風に染まるのです。

前項で紹介したH社のS社長は、この5S（整理・整頓・清掃・清潔・躾）を徹底し、社風を変えました。私もS社長を見習い、社内の至る所に5S（整理・整頓・清掃・清潔・躾）と創意工夫の二つを掲示し、よい社風が醸成されるよう社員に働きかけています。1年や2年では社風に変化は現われないかもしれませんが、5年、10年と継続すれば、必ず変化があるとS社長がいっていました。私もその言葉には同感です。

私の住む街では、毎月第一日曜日に地域の仲間と企画・開催しているビューティフルサンデーという地域活性化イベントがあります。当社でも、毎月壁塗り体験ブースや泥だんごブースを出店し、数名の職人が壁塗り体験・泥だんごづくりを実施しています。

イベントを企画・参加して営業を学ぶ

このイベントは、2010年11月で2周年を迎えるイベントですが、地域のみなさんにも徐々に認知されてきています。

最初のうちは、お客様に壁塗りを体験してもらい、楽しんでもらうことや塗り壁のよさをPRしたいと考えていたのですが、今ではこのイベントを通して、当社の職人たちには営業の勉強をしてもらいたいと思っています。

現場で接する現場監督や施主だけなく、これからお客様になるだろう方々との交流をしてもらいたいのです。そこで、自分たちがどんな仕事をしているのかをPRするのです。なぜ、そのようなことをするのかというと、職人は現場で仕事をすることが多いため、現場監督や施主と話をすることはあっても、新たな仕事を受注する営業活動は、ほとんどしたことがありません。職人は、営業活動＝仕事を受注することは自分たちの仕事ではない、と思っているのです。

しかし、これからの職人はただ与えられた仕事をこなすだけではなく、自分で自分の仕事を創っていかなければなりません。仕事は、経営者や営業担当者が取ってくれればいいという時代は終わったのです。

そもそも、お客様というのは経営者や営業担当者の周りだけにいるのではなく、現場で仕事をしている職人一人ひとりの周りにいます。

あなたのご家族や親戚、友人や知人、そして近所の人たちは、あなたがどんな仕事をしているか知っていますか？

もし、あなたがどんな仕事しているかを知っていたら、あなたに仕事を依頼してくれるかもしれません。しかし現状は、あなたがどんな仕事をしているのか知りません。

当社では数年前から、職人一人ひとりが、自分たちがしている仕事をＰＲするために、現場の施工写真や実際に職人が施工している写真、イベント情報を掲載して、「ありがとう通信」という小冊子を作っています。今では毎月１回発刊しています。

この小冊子を職人に、家族や親戚・友人知人、近所の方に配ってもらうのです。最近では、ビューティフルサンデーに来ていただいた方からの受注や小冊子を見て仕事を依頼してくれるお客様も増えてきました。

職人たちに、私はこのようにいっています。家族や親戚、友人知人、近所の方も、あなたがどのような仕事をしているか知らないから、建物の修理が発生したときに、まったく知らない

毎月発行しているありがとう通信。工事に関することやイベント情報を載せている

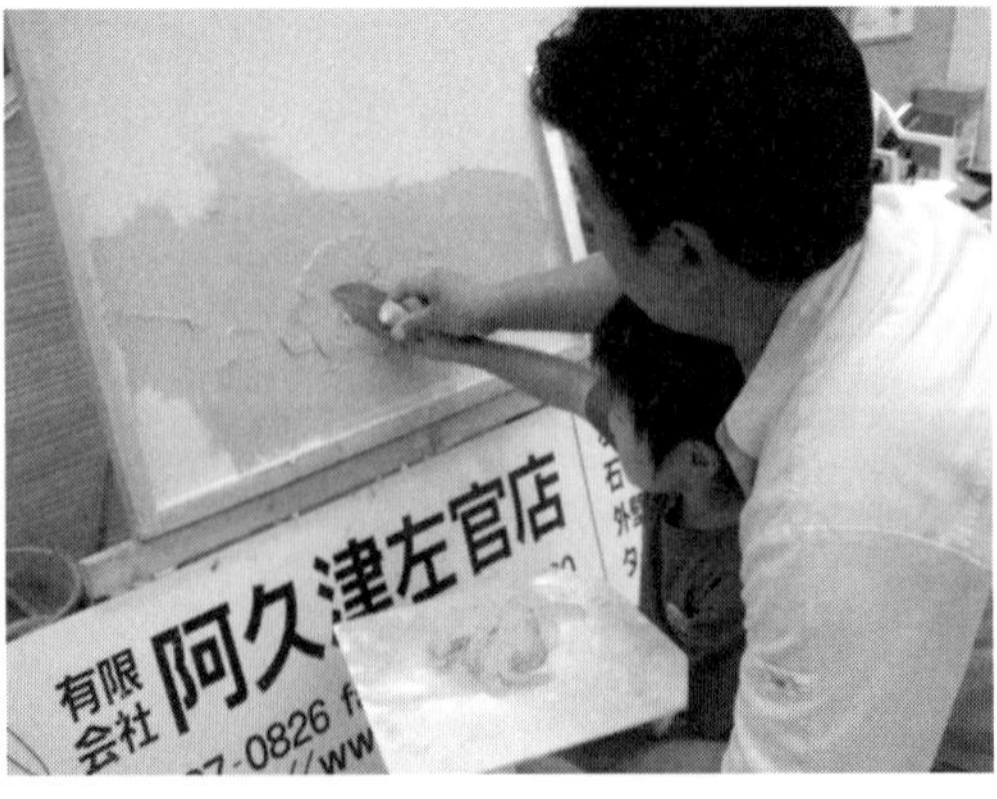

ビューティフルサンデーでの壁塗り体験の様子

工事会社に修理を依頼しているのです。高いお金を払っているかもしれないし、手抜き工事をされているかもしれません。

だから、自分の身内や友人知人、ご近所の方々を私たちのお客様にしていきましょう。絶対に私たちのほうがよい仕事ができます。実際に、私たちに仕事が依頼されたとき、身内や友人知人、近所の方々の仕事で手抜きをするでしょうか？　私なら、責任を持ってよい仕事をします。職人も、自分で営業した現場であれば、黙っていてもよい仕事をしてくれるはずです。

私の友人が、自分の住む地域を活性化させるために、この地域で商売をしている仲間たちに呼びかけ、2年前に第1回目のビューティフルサンデーを開催したのがはじまりでした。

最初のうちは出店する仲間が少なかったり、お客様が集まらないことがありました。出店が3店だけ、1日のお客様が3名だったこともありました。しかし、2年間毎月欠かすことなく継続したことにより、2周年の11月7日には1000名を超えるお客様が来てくれるようなイベントになりました。

時間を有効に活用できる職人を育てる

時間は、誰にでも平等に与えられた資源です。しかし、現場を見ていると時間を有効に使っている職人と時間を無駄にしている職人が存在していることに気づきます。

まず、時間を有効に使える職人は、常に創意工夫をしています。どうやったら仕事が速くできるか、周りを汚さず、きれいに仕上げることができるかを考えて仕事をしています。時間を意識して創意工夫しながら仕事をすることで、仕事のスピードは間違いなく速くなります。

この仕事は何時間で終わらせなければならないのか、また何時までに終わらせようと目標を設定することも大事です。目標を設定することで、格段に仕事は速くなります。私たちの仕事は、お客様との約束によって成り立っています。

たとえば、工期が2週間と決められている現場では、どのような工程で仕事を進めていけば2週間後に完成させることができるかを想定して計画を立てます。

その計画にしたがって仕事を進めていかなければ、お客様との約束を守ることはできません。工期に間に合わなければ、結果的にお客様に迷惑をかけてしまうし、会社の信用も損ねてしまいます。ですから、時間を有効に活用できる職人に育成しなければならないのです。

では、どのようにすれば時間を有効に活用できる職人に育成することができるのかを考えてみましょう。まず、仕事の量を時間で換算する習慣を身につけることが大事です。

左官の仕事で考えた場合には、1時間でどのぐらいの面積の壁を仕上げることができるのか、何本のブロックを積むことができるのか、ということになります。

ちなみに寿司職人なら、1時間で何カンの寿司を握ることができるのか、理容院なら、1人の髪を切るのにどれくらいの時間がかかるかということです。

このように決めた時間の中で、どれぐらいの仕事量ができるか、ということを生産性といいます。生産性を高めるためには、計画をしっかりと立てることや作業時間の目標を立てること、創意工夫をして作業効率を高めて時間の短縮を図ることが大切です。

現場での作業では、前日にできた作業量を記録しておいて、今日の作業量は前日の作業量よりも多くできるように計画を立てるようにすればいいのです。また、作業時間を短縮するためには、仕事の速い職人の仕事のやり方を観察するのもよい方法です。常に時間を意識して仕事に取り組むことで、時間を有効に活用できるようになっていきます。

責任施工が職人を育てる

今まで述べてきたように、世の中の仕事のほとんどが1人でやるものではなく、他人と協力して行なわれています。複数で仕事を行なうと、責任の所在がどこにあるのかわからなくなります。

しかし、自分でやった仕事、自分が関わった仕事には、必ず責任を持たなければなりません。自分がやった仕事に何らかの問題があり、やり直し等が発生した場合は、責任のすべては自分自身にあると考えなければなりません。

しかし現場を見ていると、失敗ややり直しが発生したときに責任逃れをし、他人のせいにする人がいます。

このような人は、他人からの信用を得ることができないし、いつまで経っても一人前の職人になることができません。仕事ができる職人ほど多くの現場をこなし、責任を持って施工をしています。世の中のすべての仕事には責任があります。責任がない仕事はありません。

たとえば、あなたが仕事を依頼されたときにどんな仕事をしても、あなたには一切責任はありませんといわれたら、あなたはその仕事にやりがいを感じるでしょうか。責任のない仕事にはやりがいもありません。そんなつまらない仕事はありません。些細な仕事でも責任を持って、よりよく仕上げようと考えれば、やりがいが生まれて楽しく仕事ができるのです。

何より、責任を持って仕事を繰り返していくとより早く技術が身につき、少しずつ自信がついてきます。現場でいえば、責任施工をすることが技術を磨き、より早く技術を向上させる方法になるのです。

今現在、技術が未熟な職人は、自分で責任が取りたくても責任を取ることができません。そんなときには、必ず身近な先輩職人に自分がやった仕事を確認してもらうようにしましょう。そのままにしておいた場合、間違いなく失敗、もしくはやり直しになるような仕事をそのままにしておいてはいけません。失敗を未然に防ぎ、きちんと仕上げなければ、会社の信用問題になってしまいます。

技術が未熟で若い職人が一緒に現場に行っている場合は、その職人を先輩職人がカバーしてあげなくてはなりません。あなたが先輩職人の立場になったのであれば、後輩職人の仕事にも責任を持つのです。そうやって、徐々に自分の責任を増やしていくことにより、より大きな仕事ができるようになるのです。

プロである以上、自分がやった仕事には必ず責任を持たなければならないし、あなたが経営者なら、会社で請けた仕事のすべてに責任を持たなければなりません。経営者の責任はそれだけ重くて大きいものなので、現場で働く職人と仕上がったものの品質はしっかりと管理していかなければなりません。

私も職人時代、仕事で大きな失敗をしたことがあります。その仕事は、明らかに私の判断ミスから発生した失敗だったため、お客様に説明をしてすべてやり直しをさせてもらいました。日数と費用がかかりお客様や会社にも多大な迷惑がかかってしまいましたが、きれいに仕上がった後にお客様に確認をしていただいたところ、本当にきれいに仕上げてくれてありがとうございます、と感謝されたことがあります。

もしそのとき、言い訳をして逃げていたらお客様に感謝されることもなく、自分の仕事にも自信が持てなくなっていたことでしょう。

自分の仕事に責任を持つことが、仕事に対する自信につながるのです。だから、職人には現場単位で責任施工をさせ、無責任な職人を減らしていかなければならないのです。

繁盛している会社を見に行こう

世の中は景気が悪く、不況に影響されて商売がうまくいかないとか、経営がうまくいかないといっている経営者が少なくありません。私も以前は、経営がうまくいかないことを、不況や外部環境のせいにしていた時期がありました。

しかし、このような環境下でも売上げを伸ばし、利益を上げている会社があることも事実です。経営の神様といわれた松下幸之助さんも、経済と経営は違うといっていますが、繁盛している店を見ると、なるほど経済と経営は違うのだということがわかります。

私は2ヶ月に1度、建設関連の研修会に参加しています。その研修会の企画で、企業訪問というものがあります。不況の中でも、好業績を叩き出している会社に訪問するという企画です。繁盛している会社には、繁盛している理由があるのです。

私は、その企画で3年ほど前に鹿児島のI社を、社員数名と企業訪問してきました。その会社のスタッフの挨拶や応対はたいへんすばらしく、会社に到着すると同時に社内を隅々まで案内していただきました。ショールームは、お客様が建物の構造や材料の特性がよくわかるように展示されていて、説明もわかりやすく丁寧でした。とにかく社員教育が徹底されているという印象を受けました。

その後、ミーティングルームでI社長の話を聞きましたが、顧客満足と同時に、従業員満足を重視していることがうかがえました。

I社長は、お客様に本当に満足していただくためには、まず満足を与える側の従業員が日々の仕事で充実し、活き活きと仕事をしていなければならないとおっしゃっていました。

午後からバスで現場見学に向かったところ、現場でも驚かされる部分がたくさんありました。現場の整理整頓がきれいになされていて、ゴミひとつ落ちていないのです。私たちがふだん見ている現場とはまるで違いました。I社では社員教育だけではなく、現場の監督や職人の教育もしっかりとされていたのです。

このように、繁盛している会社を訪問すると、繁盛している理由が視覚的にわかります。経営者の方々は、企業訪問で繁盛している会社を見る機会があるかもしれませんが、現場で働く職人が繁盛している会社を見る機会はありません。見たものを口で説明するよりも、多少費用がかかっても、職人と一緒に企業訪問に行くことで一目瞭然で理解させることができます。

集金できて仕事は完了

仕事というのは、営業活動をしてお客様を見つけ、そのお客様がどのようなことに不便を感じているのか、また何を必要としているのかを聞きとり、打ち合わせをして見積りをします。

そして、お客様と何度か交渉を重ねて契約をしてから施工をします。その後、お客様に施工内容を確認してもらい、請求書を出した後に納得、満足いただだいて集金をするという一連の流れがあります。

さてここで質問ですが、いったいどの部分で仕事が完了したといえるのでしょうか？　あなたの立場やポジションによっても答えが違ってくるかもしれませんが、営業職の人からすると、仕事を受注した段階で仕事が完了したと思っているかもしれないし、現場で仕事をしている人から見れば、施工が終わった段階で仕事が完了したと思っているかもしれません。

しかし、いずれも仕事が完了しているわけではありません。会社から見た場合には、お客様に満足していただき集金できたとき、初めて仕事が完了したことになります。

お金の流れを見ても、集金するまでは支出するのみで会社にお金は入ってきません。当然、集金前の状態では利益も何もないわけです。会社は、利益を上げていかなければ成長発展することはできないし、存続することすらできません。お客様を満足させて集金し、利益を上げることにより存続・成長発展していくことができるのです。このことを、営業職の人や現場で働く職人の方にはよく理解していただきたいのです。

ここで、あなたの会社のことを思い浮かべてほしいのですが、今まで仕事を受注して施工を行なって請求書は提出したものの、請求金額を満額集金できなかったり、もしくは焦げついてしまって全額集金できなかったということはなかったでしょうか。

社歴の長い会社ほど、そのような経験は多いのではないかと思います。黒字なのに倒産してしまう会社は、売上げはあるのに集金ができないといったことの積み重ねにより、倒産に至ってしまうわけです。

ですから、集金するまでは決して気を抜いてはいけません。「仕事は集金できて完了」と理解しておきましょう。

8
章

少数精鋭の
強い会社を創る

職人格差が企業格差

昨今、勝ち組と負け組という言葉が使われるようになり、日本の企業は二極化が進んでいるといわれています。格差という言葉も、たびたび耳にするようになりましたが、ここ数年で、日本は間違いなく格差社会になりました。

学歴格差・能力格差・教育格差・賃金格差・年収格差等々とさまざまな格差がありますが、要するに上と下、良し悪しの差が開いてきたということになると思います。私たちの仕事でも、仕事が毎日忙しく、売上げが伸びて利益が上がっている会社と仕事が激減してしまって毎日する仕事がなく、売上げは落ちて利益も取れないという会社の二極化が進んでいるようです。これが、いわゆる企業格差です。

しかし、なぜこの企業格差ができてしまうのでしょうか。さまざまな理由があると思いますが、私はその会社で働いている職人の差が、そのまま企業格差になっているのではないかと思うのです。

ここまで述べてきたように、職人を使う会社では、その会社で働く職人の質により、会社の質が決定されてしまいます。現場で働く職人の姿を見れば、どのような社風の会社でよい会社なのか悪い会社なのかが一目瞭然です。よい職人を育成できる会社はますますよくなり、逆によい職人を育成することができない会社は、どんどん悪くなっていきます。

職人を扱う会社も、間違いなく二極化が進んでいます。まさに、職人の格差が企業の格差になるのです。だから、職人をしっかりと育成できる仕組みを持つ会社は景気に左右されない強い会社といえるのです。

そこで、なぜこのように企業格差が生まれ、その格差が広がっていくのかを考えてみましょう。まず、よくなる会社は、会社のために働いてくれている人を本当に大事にしています。そして、従業員や職人の育成に時間とお金を使います。働いてくれている人を自分の家族のように扱い、働いてくれている人を成長させるためには、時間も費用も惜しみません。当然、働いている人の満足度は高く、傍から見てもたいへんよい社風であることがわかります。

もう一方の悪くなる会社は、会社のために働いてくれる人を粗末にしています。まるで、使い捨ての道具のように扱い、人材育成等には時間も費用もかけません。働いている人は、会社に対する不満ばかりで、会社や経営者の悪口しかいいません。

会社の雰囲気の悪さは、外部の人から見ても一目瞭然です。こうして、それぞれがよい循環と悪い循環を続け、企業の格差はどんどん広がっていきます。よい会社はますますよくなり、悪い会社はますます悪くなる＝よい職人はますますよくなり、悪い職人はますます悪くなる。

この二極化する企業の違いは、経営者が会社で働く人にどのような接し方をしているかということと、従業員や職人の育成にどれだけの時間と費用をかけているか、ではないかと思います。やはり、働く人の満足と従業員や職人の成長なくして、会社の成長発展はありえないのです。

学歴ではなく、やる気で採用

　職人が行なっている仕事の内容は、そのほとんどが学校で教わったものではなく、その職に就いてから現場で身につけたものです。

　したがって、学校で学んだことや学歴は、仕事にはあまり関係がないのです。むしろ、できるだけ若いうちに技術を習得したほうが、職人としてはいいのかもしれません。

　しかし、前述したように統計データを見ると、中卒の人が最初の職業について1年以内に離職する割合は7割もあります。高卒の人でも5割弱、短大卒・大卒の人では3割程度ということです。

　学歴の低い人ほど離職率が高くて長続きしないようですが、仕事をする本人自身の仕事に対する意欲とやる気を重視する必要があります。とくに、職人になろうという人は仕事に対する意欲とやる気がなければものにはなりません。

　もうひとつ、採用に際して重要なことは人間性です。辛抱強く、素直な人が職人には向いていますが、飽きっぽくて物事を継続することができない人は職人には向いていません。

　しかし、面接の短い時間の中で人間性を見抜くことはたいへん難しいため、実際には、仕事に対する意欲とやる気があれば採用してもいいでしょう。採用について話をしてきましたが、少し視点を変えてみましょう。

あなたが、もし就職する立場だとしたら何を基準に職業を選択するでしょうか。私の場合は、父が左官職人だったということもありますが、子供の頃から物を作るのが好きだったということが、左官職人の道を選択した最も大きな理由です。子供の頃から、父が現場で壁を塗る姿を見て、「カッコいいなぁ」と憧れていました。実際に現場に連れて行ってもらって壁を塗る真似事などもしたし、父の仕事を見て辛くてたいへんなこともわかっていましたが、それでもやってみたい職種でした。

もう一度、学歴の部分に話を戻しますが、テレビ番組の『カンブリア宮殿』という番組で、平成建設という会社が取り上げられていました。

職人育成について平成建設の秋元久雄社長は、これからの大工（職人）は高学歴の人をどんどん採用し、自社で職人育成していくべきであり、大手建設会社がやっている今までのようなアウトソーシングではなく、職人の内製化を進めていくべきだと述べていました。

さらに、秋元社長の著書『高学歴大工集団』（ＰＨＰ研究所）の中では、職人になる人は頭がよくなければならない。だから、大卒や大学院卒の優秀な人材を採用して、職人としての仕事のやり方を徹底的に教え込む。これからの職人は単能工ではなく、多能工でなければならないといっています。

私も、秋元社長の考え方にはおおいに共感するところがあります。しかし、平成建設は４０

0名を超える社員（そのうち170名が職人）がいる、どちらかといえば大企業です。そのことを考えると、地域の中小零細企業レベルの会社とは採用も職人育成の仕方も違います。

仮に、地域の中小零細企業が大学や大学院に職人になりたい人はいないですか、と求人を出したとしても、面接に来るかといえば答えはNOです。だから、学歴のことはあまり考えず、職人になりたいという意思とやる気があれば採用し、職場の中で礼儀と技術、そして知識を習得させていけばいいのです。

職人育成をしっかりやれば利益は必ずついてくる

職人の研修や勉強に、そんなに費用をかけてどうするのか、という経営者がいます。職人は、そこそこの技術があって、現場でそれなりの仕事をしてもらえばそれでいい。職人は勉強が嫌いだし、細かなことをいうと文句をいうから余計なことはしないほうがいい、といっている経営者もいます。

そんな経営者の会社で仕事をしている職人は、本当に可哀想だと思います。肝心な部分から目を背けて利益だけを追求し、職人育成を軽視している経営者や会社の結末は哀れなものです。最後は、粗末にしていた職人たちが会社を粗末に扱うようになって会社は駄目になります。

このような会社の経営者は、自分の子供に無関心な親、教育をまったくしない親のようなもので、会社はそのような環境にある家庭のようなものです。職人を育てるのではなく、利益を得るためだけに利用しようとしている経営者の会社は、いずれ衰退していくでしょう。職人は使い捨ての道具ではないのです。

たとえるならば、職人はリンゴの木のようなものです。毎日欠かさず水をやって栄養を与え、消毒をして懇切丁寧に育てることが大事です。3年、5年、10年と育て続けて、やっとおいしい実をつけるのです。

もし水や栄養を与えなかったり、消毒を怠ると、リンゴの実がなるどころか、たちまちリンゴの木は枯れてしまいます。職人育成には、とにかく根気が必要なのです。

たしかに会社は、利益を上げなければ存続していくことができません。しかし、職人を使っている会社では利益が先で職人育成が後ではないのです。職人をしっかりと育成しなければ、利益は出ないと思ったほうがいいでしょう。

経営者であるからには、どうすれば利益が出せるかを考えることは大切なことですが、何度も申し上げているように、職人を使う会社の経営者は、利益を出すためには利益を出せる職人を育成すればいいのです。

ここで、私が尊敬する経営者の田舞さんからいただいた、人財育成に関する1枚の手紙をご紹介します。

「人を育てるためには気の遠くなるような年月がいるでしょう。そして、どんなに優しくしても、貴方のことを平気で裏切るかもしれません。

それでも、人を育てるものとしての貴方の優しさが必要なのです。貴方が愛情をもっていい続けても、貴方の部下は貴方をうるさがり、貴方を受け入れないかもしれません。それでも愛情を持ち続けるのです。貴方がようやく育てたと思ったとたんに、貴方の部下は途中で辞表を出したり、実際辞めたりするでしょう。それでもあきらめずに次の人を育てるのです。貴方が心を込めて指示しても、貴方の部下は無責任な気持ちで聴いているかもしれません。いくらいっても効果がないように思うでしょう。

それでも、根気よく指示するのです。貴方は、今まで自分は本気で人を育てたが、いつも裏切られてばかりでもうこれ以上傷つくのは嫌だと思っているかもしれません。それでも人を育てるものとして、傷つくことから逃げてはいけないのです。

人を育てるには、お金も時間もかかる。その割にはあまり効果がないから、もうやめようとしているかもしれません。それでもあきらめず人を育てる者として、お金をかけ心をかけ時間をかけるのです。こんな人手不足のときに人を育てる余裕はない。気持ちはあるけど売上げに響くからできない。そう貴方は思っているかもしれません。

それでも、人の育成を優先するのです。十回いって駄目なら百回、それでも駄目なら千回あきらめずに育て続けてこそ人は育つのです。丹精をこめる。すべての生きものはそうやって育っていくのです」

私は、職人の育成は本当に大切だと思っています。しかし、その一方では本当にたいへんなことだとも思っています。一所懸命育ててきた職人が、理由はどうあれ辞めてしまったときには本当に辛くて、職人育成なんか辞めてしまおうと思います。

そんなときに、私の机の前に貼ってあるこの手紙を何度も読み返します。職人を使う会社の経営者は、職人を育てることが最も大切であり、あきらめずに継続していかなければならないのです。

職人育成をしっかりできる会社が強い会社

単に強い会社といっても、強い会社とはどんな会社でしょうか。強い会社といえる基準や条件は何か。あなたなら、何を基準や条件にするか。

たとえば、会社の規模が強い会社の条件かもしれないし、従業員数かもしれない。売上げが多いことが強い会社の基準になるかもしれないし、利益率が高いことを基準と考える人もいるでしょう。

何に基準や条件を置くかは難しいところですが、大企業で考えてみた場合、たとえば自動車会社ならトヨタ、ホンダ、スズキが強い会社ともいえるし、V字回復を遂げた日産が強い会社かもしれません。家電業界を見てみると、液晶テレビや太陽光パネルでは、シャープが強い会社といえるでしょう。その他にも、株式の時価総額などが基準になることもあります。

このように、強い会社はさまざまな基準で見ることができますが、あなたの地域で考えた場合、強い会社といわれているのはどのような会社でしょうか。数値的な基準で見るのもひとつの方法かと思いますが、社風がよい会社とか離職率が低くて優秀な社員が揃っているというのも強い会社の条件かもしれません。しかし、本当に強い会社というのは地域の人に必要とされ、永続できる会社なのです。

会社というのは、人間と違って寿命がきたら終わりというものではなく、創業者から二代目の社長、そして三代目の社長へとどんどん受け継がれていくものです。しかし、後継者の問題以外にもさまざまな問題があるため、継続していくのは難しいことも事実です。

しかし、会社を立ち上げようと考えている人が、この会社は数年持てばいいとか、たいへんだったらすぐに辞めればいいとは考えないはずです。

やはり会社を創る以上、何十年、何百年と続く会社を創りたいと考えるのは当然ではないでしょうか。あなたの地域にも何十年、何百年と続いている会社があると思いますが、地域の人に必要とされるからこそ、長く続けることができるのです。

ここで、日本で一番長く続いている会社を例に挙げましょう。それは大阪にある金剛組という建設会社です。日本で一番長く続いている会社は、なんと職人の会社なのです。

なぜ、金剛組が1400年以上も経営を続けてくることができたのか。それは、職人育成の仕組みがしっかりとできていたからではないでしょうか。金剛組には、「職家心得の事」として、「儒仏神三教の考えを良く考えよ」「主人の好みに従え」「修行に励め」「出すぎたことをするな」「大酒は慎め」「身分に過ぎたことはするな」「人を敬い、言葉に気をつけよ」「憐れみの心をかけろ」「争ってはならない」「人を軽んじ威張ってはならない」「誰にでも丁寧に接しなさい」「差別をせず丁寧に対応せよ」「私心なく正直に対応せよ」「入札は正直な見積書を提出せよ」「家名を大切に相続せよ」「先祖の命日は怠るな」などがあります。

金剛組の教えは、現代の職人育成にも大いに通じるところがあります。

職人を育てる仕組みを創る

一流の職人になることを夢見て入社してきた新人職人にとって、まずは利益の出せる一人前の職人になれるか、ということは死活問題です。職人を使う会社にとっても、新人職人を、いかに早く利益の出せる職人に育てることができるかどうかが最重要課題になります。

ところが、入社したての新人職人は何もわからないし、何もできません。最初のうちは残念ながら、会社の利益に貢献することができません。

しかし、新人職人にかかる費用は、仕事のできる職人にかかる費用よりも多くかかります。新人職人に対する会社の費用負担は大きいわけです。仕事を覚えるまでの給料を支給しなければならないし、新しい作業服やヘルメットを支給したり、備品や道具もある程度は揃えなければなりません。研修費や社内勉強会の教材費（書籍代）や技能講習会、その他さまざまな教育費等もかかります。

しかし、この費用は決して削減してはいけません。伸びない会社の多くは、この部分の費用を削減してしまうのです。費用には、削減してよい費用と削減してはならない費用がありますが、職人育成にかける費用は削減してはならない費用になります。

職人育成にかける費用というのは、親が子供にかける教育費のようなものです。必ずしも多くかければよいというものではありませんが、新人職人を効果的に育成するためには、費用を適切にかける必要があります。

新人職人を効果的に育てるためには、ＯＪＴとＯＦＦＪＴをうまく組み合わせる必要があります。ＯＪＴは、実際に現場で仕事を通して学ぶものですが、左官の仕事の場合はすぐにお客様のところの壁を塗らせるわけにはいきません。ある程度の期間は材料を用意して、練習をさせなければなりません。入社してすぐに現場で壁を塗らせたら、おそらくクレームの嵐になってしまうでしょう。

そのような状態では、会社の信用を失ってしまうため、社内でしっかりと訓練をしてから徐々にお客様のところの仕事をさせるようにします。ＯＦＦＪＴでは、新人職人はまず、マナーや知識・安全作業に関すること等を学びます。

その他にも、技能講習や職能教育等がありますが、当社の場合は、職人を育てる仕組みを作るために、他社のものを参考にしたり、外部の教育会社からアドバイスを受けたこともあります。

現在では教育体系図を作り、個別面談によるキャリアプランの作成も行なっています。キャリアプランの中では、何歳までにどの資格を取得し、どの研修を受講するということを決めています。さらに職人育成には、社内の環境や社風が大切です。社内と現場は常にきれいにするように心がけ、５Ｓ（整理・整頓・清潔・清掃・躾）を徹底するように努力をしています。

社風は、全員が学ぶことを重視するようにしています。毎朝の朝礼や月1回の社内勉強会および全社会議等も実施しています。しかし、自分が考えているほどよくなっているかというと、まだまだ改善するところはたくさんあります。

職人を育てる仕組みには、必ずしもこれが正解というものはありません。あなたの会社に合ったものを作るのがいいでしょう。

私も、他社の朝礼や勉強会を見学に行ったり、外部研修に関しては自分が先に受講をして、よいものは取り入れるようにしているし、書籍なども参考になる部分は少なくありません。

最後に私の経験からいうと、職人を育てる仕組みの構築とは、経営者が職人を育てる仕組みではなく、経営者を含めた全員が成長できる仕組みづくりではないかと考えています。

なぜなら会社は、経営者の器以上にはならないからです。経営者は、常に自分を磨くことが大切であり、職人の能力を高める手助けをすることが大事です。

職人が育っていれば会社は成長できる

一人ひとりの職人が、経営者と同じ経営感覚を持ち合わせ、現場はもちろん営業や積算、図面作成、契約業務、集金業務、部下育成等々、オールマイティーに何でもできるとなれば鬼に金棒です。あらゆる面で能力の高い職人が揃っていれば、間違いなく会社は毎日忙しく、日々成長発展していることが感じられるでしょう。

実際に、前章で事例に取り上げた会社では、職人育成を継続することにより毎年増収増益をはたしているのです。

もし、あなたの会社が思ったように成長発展していなかったとすると、職人育成がまだまだ不十分なのです。今までの考え方だと、職人は現場で仕事ができればそれでOKだったかもしれません。

しかし、これからの時代は今までのような、現場で仕事をするだけの普通の職人では生き残っていくことはできないのです。

会社側も、今までのように現場で仕事をするだけの普通の職人を育成するのではなく、これからは何でもできる経営感覚を持った能力の高い職人を育成することが求められています。経営感覚を持った、能力の高い職人など育つわけがないと思っている経営者は、少数精鋭の会社を作ることは諦めたほうがいいでしょう。

少数精鋭というのは、一人ひとりの職人の能力を最大限に高めることなのです。事例に取り上げた会社の経営者の方々は、職人の価値を最大限に高めることに情熱を注ぎ、どんなことがあっても諦めずに職人を育成することを継続してきました。

まず、経営者自身が理想を高く持ち、必ず自分と同じ経営感覚を持つ能力の高い職人を育成するのだという決意・信念を持つことが必要です。

前章まで述べてきたように、しっかりとした職人育成の仕組みを構築すれば、経営感覚を持つ能力の高い職人の育成は可能です。現場が終わったら会社に戻り、コンピュータを駆使してさまざまな業務をこなす。営業の電話、チラシの配布等もすべてができる。

それが当たり前になってしまえば、そんなに難しいことではありません。一人ひとりの職人の可能性を、最大限に発揮してもらうのです。

当然、そのような職場環境に後から入社してくる新人職人も、先輩職人の真似をするわけですから、経営感覚を持った能力の高い職人が次々に育つのです。育たないのは、経営者自身が無理だと考えていることと、今いる職人が意識を変えないことに問題があるのです。

また、職人を扱う会社の経営者の悩みといえば、会社の業績が思うように伸びず、経営状態が現状維持、もしくは衰退していることではないでしょうか。統計データを見てみると、創業からの年数の浅い会社よりも、老舗といわれるような比較的年数の長い会社の業績不振や倒産が目立ってきています。

この現象は、職人育成の仕組みが崩壊していることが原因のひとつといえますが、経営者自身が今までのやり方に固執し、新しいことを取り入れない。「できる」という思考ではなく、「できない」という思考の経営者が老舗に多いから。そして、職人育成の仕組みを、時代に合わせて変えることができずにいることに起因しているのではないでしょうか。

しかし、何も行動を起こさず、今のままで衰退していったのでは、倒産するのは時間の問題です。よけいなことはしなくてもいいので、早急に職人育成に力を入れましょう。

まず、経営者であるあなたが職人育成に本気で取り組む覚悟をしてください。覚悟ができたら、現在いる職人を一人ずつ説得し、意識を変えてもらいましょう。意識を変える気がない職人には、退社してもらうことも必要かもしれません。意識を変えてくれた職人には再度、協力をお願いします。

そして、現場だけではなく、あなたが行なっている仕事を一つひとつ覚えてもらうのです。職人から、最初のうちは抵抗があるかもしれませんが、仕事を覚えていく過程で自信や責任感が身についてきます。

最後まで諦めずに、まず1人の職人を何でもできる経営感覚を持った職人に育て上げましょう。その後は、育成した職人とともに次の職人を育成していきましょう。

変化に対応できる職人の時代

日本の市場は、戦後の荒廃した時代から高度成長の時代になり、好景気の時代を迎えてバブルを経て、バブルの崩壊がありました。そして、今日のような不況といわれる時代に変化をしてきました。

当然、お客様が求めているものも変わり、仕事のやり方も大きく変化しました。しかし、多くの職人や職人を使う会社の経営者は、景気のよかった時代のことばかりを語り、またバブルのような時代が来るのではないかと考えています。未だに時代の変化に気づいていないのか、それとも、気づいてはいるが変化に対応することができないのか。

いずれにしても、この時代の変化に対応できなければ市場から淘汰されるしかありません。そのようなことがわかっていながら、建設業界では大手建設会社やゼネコンをはじめ、下請けの建設会社も自分の所では職人の育成は行なわず、自社の利益だけを優先し、職人は末端の専門工事業者からアウトソーシングしています。職人や職人を使う会社は、営業力が弱いため、いいように利用をされています。

製造業界でも自動車製造、家電製造の現状を見ればわかるように、正規雇用はせずに非正規雇用の派遣社員で仕事を間に合わせ、人材育成（職人育成）は一切しない、という風潮になっています。

多くの企業が、職人育成（人材育成）をすることは負担が大きくリスクも高いので、マイナスだと考えているのでしょう。短期的な目線で物事を考え、今さえ何とかなればよいと考えているのです。結局は、会社の将来をあまり真剣には考えていないのです。

このままこの状態が続けば、数十年後には職人といわれる人が日本からいなくなってしまうのではないか、ともいわれています。

今から20年以上前に、今日の状態を予測して職人育成の重要性に気づいて改革をしてきたのが、平成建設の秋元社長です。

大工職人を育成し、業務の内製化を進めて快進撃を続けています。現在では４００名の社員がいて、そのうち大工職人が１７０名いるそうですが、秋元社長は高学歴の人を採用し、大工職人に育て上げているのです。

秋元社長は自分自身の経験を活かし、大工職人の育成環境としては理想的な環境を作っていると思います。しかし、私が考えている職人育成は、社員数が１００名を超えるような大きな会社の話ではなく、地域密着型の小規模な会社で、社員数（職人数）が10名程度の会社ではどうなのかということです。

平成建設のように、大卒や大学院卒を採用し、職人を育成するような環境を作ることは実際には難しいのではないでしょうか。その他にも、毎年採用していけるほどの体力を、小規模な会社では持ち合わせていません。

だからこそ、中小零細企業では現在いる職人の意識を変えて、時代の変化に対応できるオールマイティーな職人に育成していくことが重要なのです。まず、今いる職人を変化に対応できる職人に育成するのです。そこに新たに若い職人を採用し、全社一丸となって育てていくのです。

ここで注意すべきことは、採用に際しては妥協をしないということです。中途半端な気持ちの人は採用しない。一度に多くの人を採用する必要もありません。新人職人をいったん採用したら、一人前の職人になるまで会社の都合で切り捨てることはできないからです。職人育成は、会社にとっても入社希望者にとっても真剣勝負なのです。

前述したように、大企業でも地域密着型の小規模な会社でも、職人育成の仕組みが崩壊しています。今後、自前で職人を育成しない会社は衰退していくでしょう。あえてこの厳しい時期に、しっかりと職人育成をすることが会社を成長発展させる唯一の道であるといえます。

これからは、変化に対応できる職人の時代であり、そのような職人を育成できる会社の時代なのです。

あとがき

　私が左官の仕事をはじめたのは、今から20年前のことです。父親が親方で、数名の左官職人を率いて会社を経営していたのですが、職業病ともいえる腰痛が悪化し、長期の入院をすることになりました。

　私はそのとき、地元の建設会社で設計の仕事をしていましたが、家業のピンチということもあり、それまで勤めていた建設会社を退職し、父の会社に入社しました。20歳を過ぎてからの左官業への転職ということもあり、左官の技術を習得するのにはたいへん苦労をしました。

　しかし、本当に苦労をしたのは左官の技術を習得することだけでなく、お金の問題（資金繰り）や人の問題（職人育成）でした。支払日を一週間後に控えて資金繰りが立たず、眠れない日々が続いたり、仕事を多く受注してしまい、職人の手配が間に合わず夜通し働いたこともあります。今思い出しても本当に辛い日々でしたが、その反面、あのときに苦労したからこそ、今があるのだと感じています。

　私が、会社の決算書をはじめて見たのが23歳のときです。入社してから3年目のことでした。当時の社長である父（現在は会長）の支払日前の対応を見ていて、会社の財務状態はあまりよくないのだろうと想像はしていました。その頃、社長から現場で仕事をしていた私に、通帳と印鑑、そして決算書が手渡されました。

その日から、私が営業や財務を担当し、銀行にも足を運ぶようになりました。財務の知識などほとんどなく、決算書についての理解が浅い私から見ても、会社の財務状態は想像していた以上にひどいものでした。債務超過で借入れの額は年間売上げの額を超えていました。

私は、すぐに財務や経営の勉強をはじめました。そして、決算書が少しずつ理解できるようになると、会社の経営状態はかなり危機的だということに気がつきました。会社が潰れるかもしれないという不安が頭をよぎり、背筋がゾッとしたことを今でも覚えています。

しかし当時、社長でもない私にはどうすることもできませんでした。社長である父も、現場で一所懸命働くことしか方法がないと考えていたようです。父は社長ではあったものの、経営者というよりはどちらかといえば昔気質の職人、現場で左官職人をまとめる親方なので現場では本当に心強いのですが、経営についてはあまり勉強してこなかったようです。銀行に足を運ぶこともほとんどなく、会計事務所がまとめた決算書は、報告時にパッと見る程度でした。私が、決算書の数字にどんな意味があるのかを聞いても教えてはくれませんでした。

その頃から、銀行に行くのが苦手だった父の代わりに資金繰りをするのが私の仕事になりました。その頃は、支払日が近づくと眠れない日々が続きました。毎日、資金繰りに頭を悩ませていたことを思い出します。今思えばあのとき、資金繰りに苦労したから会社が存続できたのではないかと思います。

その父が、今年の4月に仕事中に現場で倒れて救急車で運ばれました。ある会議の最中にその連絡を受けたときは、正直焦りました。病院に駆けつけて医師の説明を受けましたが、心臓に疾患があり、手術をしなければならないということでした。

入院中、父とふだんあまり話さないことを長く話しました。そして、手術の日に待合室で私は、父のことを考えていました。父には、現場で左官の技術を教わりました。

そして父が苦手としていたからこそ、自分が営業や資金繰りができるようになりました。よく考えてみると、私を職人として育ててくれたからこそ、本書を執筆できたのかも知れません。

そして7月に、父も無事退院することができ、再び父と一緒に仕事ができることをうれしく思います。

【著者略歴】

阿久津　一志（あくつ　かずし）

有限会社　阿久津左官店　代表取締役／職人ビレッジ　村長／資格等　一級左官技能士・左官技能インストラクター・職業訓練指導員・登録左官基幹技能者・MBA・とちぎ現代しっくいインストラクター・とちぎ左官マイスター・ものづくりマイスター他

1971年栃木県生まれ　地元工業高校卒業後、ゼネコンに入社、橋梁や大型建築構造物の設計作図に携わる。退社後、父が経営する有限会社阿久津左官店に入社。6年間左官職人になるための修業をし、一級左官技能士の資格を取得。現場管理や営業、経理を担当した後、2000年に同社の代表取締役となる。修業時代の体験から、技術だけに偏った職人ではなく、現場でのマナー向上や材料や施工方法に関する知識、卓越した技術を兼ね備えた、それまでの職人の悪いイメージを払拭するようなバランスのとれた新しい職人育成に取り組む。2005年会社経営や職人育成の研究をするかたわら、地元大学に入学し経営学を学ぶ。2009年立教大学大学院ビジネスデザイン研究科（RBS）に入学、更に会社経営および職人育成の研究をする。2011年経営管理学修士を取得、2011年2月『「職人」を教え・鍛え・育てるしつけはこうしなさい!』（同文舘出版）を出版、2017年中国語簡体字版、『如何　培養工匠精神』中国青年出版社から発売、現在では自社の職人育成の経験をもとに企業研修や安全大会での講演、職人ビレッジでは経営計画勉強会等も開催している。

近年の取り組み　2014年8月壁の匠左官道場設立、2016年栃木県初イクボス中小企業同盟加盟、2017年1月那須塩原市第1号ユースエール認証企業、2017年10月職人ビレッジOPEN、2018年2月左官ツール特許申請、2018年5月栃木県産壁材研究開発、2019年1月とちぎビジネスプランコンテスト奨励賞、2019年5月JAPANブランド採択、2020年3月キラリと光るとちぎの企業受賞、2020年6月ブランド壁材とちタッチ初施工、2020年12月とちぎ左官マイスター認定etc

壁の匠　有限会社阿久津左官店	職人ビレッジ
〒329-2745 栃木県那須塩原市三区町594-18	〒329-2745 栃木県那須塩原市三区町659-12
☎ 0287-37-0826　FAX 0287-37-6580	☎ 0287-37-0826　FAX 0287-37-6580
URL https://www.a-sakan.com	URL https://syokunin.pro
E-mail kazushi@a-sakan.com	E-mail kazushi@a-sakan.com
FB https://www.facebook.com/kazushi.akutsu/	FB https://www.facebook.com/syokunin.village

「職人」を教え・鍛え・育てるしつけはこうしなさい！

平成23年2月14日　初版発行
令和3年4月10日　3刷発行

著　　者 ―――― 阿久津一志
発 行 者 ―――― 中島治久
発 行 所 ―――― 同文舘出版株式会社
東京都千代田区神田神保町1-41　〒101-0051
営業(03)3294-1801　編集(03)3294-1802
振替00100-8-42935　http://www.dobunkan.co.jp

ISBN978-4-495-59191-5

印刷／製本：萩原印刷　Printed in Japan 2011